丛书总主编　陈宜瑜
丛书副总主编　于贵瑞　何洪林

中国生态系统定位观测与研究数据集

草地与荒漠生态系统卷

甘肃民勤站

（2007—2015）

杨自辉　郭树江　主编

U0380984

中国农业出版社
北京

图书在版编目（CIP）数据

中国生态系统定位观测与研究数据集．草地与荒漠生态系统卷．甘肃民勤站：2007-2015 / 陈宜瑜总主编；杨自辉，郭树江主编．—北京：中国农业出版社，2023.5

ISBN 978-7-109-30591-5

Ⅰ．①中… Ⅱ．①陈… ②杨… ③郭… Ⅲ．①生态系－统计数据－中国②草地－生态系－统计数据－甘肃－2007-2015③荒漠－生态系－统计数据－甘肃－2007-2015 Ⅳ．①Q147②S812.29

中国国家版本馆 CIP 数据核字（2023）第 060695 号

ZHONGGUO SHENGTAI XITONG DINGWEI GUANCE YU YANJIU SHUJUJI

中国农业出版社出版

地址：北京市朝阳区麦子店街 18 号楼

邮编：100125

责任编辑：李昕昱　　文字编辑：刘金华

版式设计：李　文　　责任校对：张雯婷

印刷：北京印刷一厂

版次：2023 年 5 月第 1 版

印次：2023 年 5 月北京第 1 次印刷

发行：新华书店北京发行所

开本：889mm×1194mm　1/16

印张：10.25

字数：300 千字

定价：78.00 元

丛书指导委员会

丛书编委会

中国生态系统定位观测与研究数据集
草地与荒漠生态系统卷·甘肃民勤站

编　委　会

主　编　杨自辉　郭树江

编　委　詹科杰　王强强　张剑挥　赵　明
　　　　徐先英　张大彪　纪永福　段晓峰
　　　　张锦春　方峨天　常兆丰　王多泽
　　　　李爱德　张逸君　刘长文　李易嗯
　　　　柴成武　金红喜　韩福贵　杨　敏
　　　　仲生年　杨自辉　郭树江　闫沛迎

进入 20 世纪 80 年代以来，生态系统对全球变化的反馈与响应、可持续发展成为生态系统生态学研究的热点，通过观测、分析、模拟生态系统的生态学过程，可为实现生态系统可持续发展提供管理与决策依据。长期监测数据的获取与开放共享已成为生态系统研究网络的长期性、基础性工作。

国际上，美国长期生态系统研究网络（US LTER）于 2004 年启动了 Eco Trends 项目，依托 US LTER 站点积累的观测数据，发表了生态系统（跨站点）长期变化趋势及其对全球变化响应的科学研究报告。英国环境变化网络（UK ECN）于 2016 年在 *Ecological Indicators* 发表专辑，系统报道了 UK ECN 的 20 年长期联网监测数据推动了生态系统稳定性和恢复力研究，并发表和出版了系列的数据集和数据论文。长期生态监测数据的开放共享、出版和挖掘越来越重要。

在国内，国家生态系统观测研究网络（National Ecosystem Research Network of China，简称 CNERN）及中国生态系统研究网络（Chinese Ecosystem Research Network，简称 CERN）的各野外站在长期的科学观测研究中积累了丰富的科学数据，这些数据是生态系统生态学研究领域的重要资产，特别是 CNERN/CERN 长达 20 年的生态系统长期联网监测数据不仅反映了中国各类生态站水分、土壤、大气、生物要素的长期变化趋势，同时也能为生态系统过程和功能动态研究提供数据支撑，为生态学模型的验证和发展、遥感产品地面真实性检验提供数据支撑。通过集成分析这些数据，CNERN/CERN 内外的科研人员发表了很多重要科研成果，支撑了国家生态文明建设的重大需求。

近年来，数据出版已成为国内外数据发布和共享，实现"可发现、可访问、可理解、可重用"（即 FAIR）目标的重要手段和渠道。CNERN/CERN 继 2011 年出版"中国生态系统定位观测与研究数据集"丛书后再次出版新一期数据集丛书，旨在以出版方式提升数据质量、明确数据知识产权，推动融合专业理论或知识的更高层级的数据产品的开发挖掘，促进 CNERN/CERN 开放共享由数据服务向知识服务转变。

该丛书包括农田生态系统、草地与荒漠生态系统、森林生态系统以及湖泊湿地海湾生态系统共 4 卷（51 册）以及森林生态系统图集 1 册，各册收集了野外台站的观测样地与观测设施信息，水分、土壤、大气和生物联网观测数据以及特色研究数据。本次数据出版工作必将促进 CNERN/CERN 数据的长期保存、开放共享，充分发挥生态长期监测数据的价值，支撑长期生态学以及生态系统生态学的科学研究工作，为国家生态文明建设提供支撑。

2021 年 7 月

科学数据是科学发现和知识创新的重要依据与基石。大数据时代，科技创新越来越依赖于科学数据综合分析。2018 年 3 月，国家颁布了《科学数据管理办法》，提出要进一步加强和规范科学数据管理，保障科学数据安全，提高开放共享水平，更好地为国家科技创新、经济社会发展提供支撑，标志着我国正式在国家层面加强和规范科学数据管理工作。

随着全球变化、区域可持续发展等生态问题的日趋严重以及物联网、大数据和云计算技术的发展，生态学进入"大科学、大数据"时代，生态数据开放共享已经成为推动生态学科发展创新的重要动力。

国家生态系统观测研究网络（National Ecosystem Research Network of China，简称 CNERN）是一个数据密集型的野外科技平台，各野外台站在长期的科学研究中，积累了丰富的科学数据。2011 年，CNERN 组织出版了"中国生态系统定位观测与研究数据集"丛书。该丛书共 4 卷、51 册，系统收集整理了 2008 年以前的各野外台站元数据，观测样地信息与水分、土壤、大气和生物监测以及相关研究成果的数据。该丛书的出版，拓展了 CNERN 生态数据资源共享模式，为我国生态系统研究、资源环境的保护利用与治理以及农、林、牧、渔业相关生产活动提供了重要的数据支撑。

2009 年以来，CNERN 又积累了 10 年的观测与研究数据，同时国家生态科学数据中心于 2019 年正式成立。中心以 CNERN 野外台站为基础，生态系统观测研究数据为核心，拓展部门台站、专项观测网络、科技计划项目、科研团队等数据来源渠道，推进生态科学数据开放共享、产品加工和分析应用。为了开发特色数据资源产品、整合与挖掘生态数据，国家生态科学数据中心立足国家野外生态观测台站长期监测数据，组织开展了新一版的观测与研究数据集的出版工作。

本次出版的数据集主要围绕"生态系统服务功能评估""生态系统过程与变化"等主题进行了指标筛选，规范了数据的质控、处理方法，并参考数据论文的体例进行编写，以翔实地展现数据产生过程，拓展数据的应用范围。

该丛书包括农田生态系统、草地与荒漠生态系统、森林生态系统以及湖泊湿地海湾生态系统共 4 卷（51 册）以及图集 1 本，各册收集了野外台站的观测样地与观测设施信息，水分、土壤、大气和生物联网观测数据以及特色研究数据。该套丛书的再一次出版，必将更好地发挥野外台站长期观测数据的价值，推动我国生态科学数据的开放共享和科研范式的转变，为国家生态文明建设提供支撑。

2021 年 8 月

　　甘肃民勤荒漠草地生态系统国家野外科学观测研究站（简称：民勤国家野外站）始建于 1959 年，位于河西走廊中部、石羊河流域下游的民勤绿洲内。地理位置为 E 102°59′05″，N 38°34′28″；平均海拔 1 350 m。所在区域地处温带干旱荒漠区，北、西、南三面分布于低山残丘，盆地内多连绵起伏的固定和半固定沙丘、低洼丘间地、戈壁、绿洲，北面有巴丹吉林沙漠、南面为腾格里沙漠所包围。

　　民勤国家野外站所在区域包含沙漠、戈壁、干旱荒漠草地等荒漠生态系统，农田、人工林等绿洲生态系统以及内流河流域生态系统等多种景观的生态系统类型。区域内日照强烈，干旱少雨，气温变幅大，风大沙多，属于典型干旱荒漠气候，是我国干旱区荒漠化比较严重的地区之一，也是沙尘暴源区之一。土壤以风沙土为主，其次分布有盐渍土和盐化草甸土。主要荒漠植被类型有：白刺、柽柳、沙拐枣、沙蒿、红砂—珍珠、柠条锦鸡儿、黑果枸杞—花花柴等自然植被以及梭梭、沙枣等人工植被，具有沙漠、戈壁、盐化荒漠和人工绿洲等多种景观类型。

　　民勤国家野外站地理位置特殊，生态类型典型，观测、研究、试验示范与共享服务体系完善，是国内外荒漠化防治领域知名的野外研究支撑平台和国家科技创新基地。是教育部、国家自然科学基金委员会"国家基础教育人才培养基地"，科技部和商务部"国际（荒漠化防治）治沙技术援外培训实习基地"，国家发改委"国家民用空间基础设施陆地观测卫星遥感真实性检验站"，国防科工局"高分辨率卫星对地观测系统真实性检验站"，国家林业和草原局"甘肃民勤荒漠生态系统国家定位观测研究站""全国林业科普基地""国家荒漠化沙化土地监测和沙尘暴预警观测站""全国物候观测网联网观测站"，水利部"甘肃民勤土壤风蚀观测站"，甘肃省林业厅"甘肃荒漠—绿洲—山地复合生态系统省级定位研究站""甘肃省沙化土地封禁保护区生态效益监测站"。

民勤国家野外站现有梭梭、白刺、柽柳、沙拐枣、麻黄、沙蒿、盐爪爪等植被类型的综合固定样地30余块，样地面积1 hm²，用于观测研究植被演变对环境的响应。除此之外，在特色研究方面，开展了近地面沙尘暴运动规律及其绿洲防护体系对沙尘暴的消减功能研究，在民勤绿洲至沙漠区建立3座50 m高的观测塔，研发出适用于多点位、多层次定位监测沙尘暴和风沙流的仪器5种100多套（台），首次获得了近地面沙尘暴结构和运动规律的数据，并对沙尘暴沙尘水平通量、风速、垂直降尘量、气象要素等进行了连续监测，建立了我国首个近地面沙尘暴观测研究数据库，填补了国内低空沙尘暴研究的空白。首次验证了沙尘暴过程中，风速随高度变化符合经典的廓线方程。同时，获得了沙尘水平通量、气溶胶浓度、降尘量以及沙尘粒径在沙漠、绿洲边缘固沙林、绿洲防护林中随高度的变化特征，为我国沙尘暴研究和灾害防治打下了坚实的基础。通过研究分析，民勤绿洲边缘现有农田防护林体系可减少73%沙尘，防风固沙林可减少43%的沙尘，因此，绿洲边缘林业生态防护措施对沙尘暴具有重大的消减作用，也用实例数据验证我国实施的林业生态防护工程是我国防治沙尘暴的主要措施，为我国绿洲生态建设提供了科学依据。同时，在绿洲防护体系的结构、功能及其生态过程研究方面，在绿洲农田防护林、防风固沙林、沙漠10 km防护林体系建立水、土、气、生观测设施，开展绿洲—沙漠生态系统观测研究，相对于沙漠，防护林体系可降低风速

72%，降低空气温度，增加空气湿度。

建立石羊河流域山地、绿洲、荒漠生态系统定位观测系统，开展流域生态系统观测研究。以习近平总书记提出的"山水林田湖草沙生命共同体"理念为指导思想，立足干旱区，聚焦内陆河流域生态环境建设和社会经济发展亟需解决的关键科学问题，以石羊河流域山地—绿洲—荒漠复合生态系统水资源保护与利用为主线，开展流域"水、土、气、生"等要素的定位观测研究，建立石羊河流域生态系统功能监测研究数据共享平台，研究阐释石羊河流域复合生态系统演变过程的生态水文耦合机理，研发石羊河流域关键生态水文过程的生物调控技术，提出石羊河流域复合生态系统稳定的水资源优化配置模式，为生物多样性保护与利用、生态文明建设以及干旱区内陆河流域生态与社会经济协调发展提供科技支撑。

民勤国家野外站积累民勤荒漠生态系统水分、土壤、气象、生物和特色研究数据集共五大类90多个，本数据集记录了民勤站2007—2015年期间气象、植被、物候、土壤、水文、沙尘暴观测统计数据，并对民勤国家野外站基本情况、数据集资源目录、观测场及采样地进行介绍。

数据集中气象数据有段晓峰、韩福贵、杨敏、仲生年、刘长文观测记录，郭树江、段晓峰进行整理和编辑，生物数据有民勤国家野外站全体人员和甘肃省治沙研究所的部分科技人员参与监测，王强强，张逸君等完成数据整理和编辑，植物物候数据有张大彪等人观测、统计汇总，土壤数据有张剑挥、王多泽、闫沛迎、杨建功等人观测，张剑挥等人完成数据整理统计，近地面沙尘暴监测有詹科杰、郭树江、王强强、张剑挥、王多泽等人共同完成，詹科杰完成数据统计编辑。数据集全文由杨自辉通稿。

本数据集是在国家生态科学数据中心的支持下完成的。

民勤国家野外站数据库访问网站为：mqd. cern. ac. cn

由于编者水平有限，本数据产生中错误在所难免，欢迎批评指正。

编　者

2022 年 3 月

CONTENTS 目 录

第1章

□□□□□□□□□□□□□□□□□□□□□□□□□

台 站 介 绍

1.1 概述

2005 年 12 月由中华人民共和国科学技术部批准入选国家生态系统观测研究网络（CNERN），定名为"甘肃民勤荒漠草地生态系统国家野外科学观测研究站"（简称民勤国家野外站），所属领域为荒漠生态系统，主管部门为甘肃省科学技术厅和国家林业局，依托单位为甘肃省治沙研究所。民勤国家野外站也是国家林业和草原局陆地生态系统定位观测研究站网（CTERN）荒漠生态站。地理位置位于甘肃省河西走廊东段的民勤绿洲，地理坐标：E 101°49′—E 104°15′，N 38°03′—N 39°28′；平均海拔为 1 350 m。

该站针对荒漠生态系统的重大理论与实践问题开展了长期的科学观测与研究，揭示了荒漠-绿洲及其内陆河石羊河流域生态系统结构与功能关系及其动态变化规律、荒漠化发生过程与机制、退化荒漠生态系统恢复与重建技术、流域防护林结构优化及安全。推动了生态环境、自然资源可持续协调发展，为维护国家生态安全、区域生态环境建设提供了科技支撑。

自 1959 年以来，开展荒漠生态系统的定位观测研究，积累了近 60 年的基础数据，是我国荒漠生态系统定位观测研究持续时间最长的野外站之一。设有永久性综合观测样地 38 块、气象观测场 7 座、地下水位观测场 7 个、植物物候观测场 2 个、沙尘暴观测场 3 个、风沙流观测场 2 个、沙旱生植物蒸腾耗水量观测场 2 个、防风固沙试验示范场 1 个、石羊河流域生态观测系统 1 套、阿拉善生态监测站 1 座。现有各类仪器设备共 160 多台件，先后购置了土壤激光粒度分析仪、沙尘暴沙尘采样仪、单通道颗粒物采样器、大气气溶胶浓度监测仪、风蚀监测系统、地下水位监测仪、梯度风监测系统、移动式风尘监测仪、大型非称量蒸渗仪等。有 1 500 m² 科研办公楼，楼内设有土壤样品室、沙尘样品室、会议室、接待室、实验室、数据网络室、娱乐室等，建有职工食堂和学生专用食堂、招待室，可同时容纳 200 人在站就餐、住宿。

民勤国家野外站现有成员 30 名，其中研究员 14 名，副研究员/高级工程师 6 名，助理研究员 4 名，研究实习员 4 名，其他 2 名；博士 11 名，硕士 11 名，学士 4 名；国务院特殊津贴专家 3 名，国家百千万人才 1 名，甘肃省优秀专家 2 名，甘肃省领军人才 6 名。

民勤国家野外站长期以来开展荒漠生态系统定位观测、研究工作，是一个重要的综合性科研服务平台，是科研院所、高等院校、中小学生开展科学研究、教学试验实习、大学生社会实践、中小学生科学普及的理想场所，也是国内外智力引进和培训实习基地，同时也是科普教育的重要平台，2016年被评为全国林业科普教育基地。

1.2 研究方向

民勤国家野外站立足于干旱荒漠区，围绕国家和区域发展重大需求，以荒漠草地生态系统为对象，开展定位观测研究，把握区域性特征，重点针对荒漠草地生态系统结构、功能、动态变化及其对全球气候变化的响应和应对措施，干旱内陆河流域水土资源承载力与社会经济协调发展，生物多样性保护，沙尘暴发生、发展过程及其与下垫面耦合关系，荒漠化综合防治技术与模式等方面开展基础理论和应用技术研究，提升祁连山石羊河流域山、水、林、田、湖、草复合生态系统综合治理能力，强化原创性重大科技成果产出，服务于西部生态屏障建设和石羊河流域生态、经济、社会可持续发展。主要研究方向：

（1）荒漠区生物多样性保护。

（2）沙尘暴发生、发展过程机制与绿洲防护林建设。

（3）荒漠化综合防治技术与模式。

（4）祁连山石羊河流域生态水文学。

（5）荒漠草地生态系统结构、功能、过程研究。

1.3　研究成果

1959 建站以来，依托民勤站累计产出科研成果 250 余项，获得科技奖励 96 项，其中国家级奖励 2 项，省部级奖励 42 项，发表学术论文 1 600 余篇，出版专著 22 部。60 年来民勤站紧紧围绕甘肃乃至中国西北地区防沙治沙、生态环境建设以及社会经济发展，开展了沙漠科学考察，进行了风沙灾害防治、荒漠生态定位观测、退化土地修复、植物资源保护与利用等方面的应用基础研究与应用技术研究，提出了针对荒漠化防治、防护林建设、沙产业开发等一系列技术措施与模式，积累了长达半个多世纪的基础数据，取得了一系列重要成果，为中国乃至全球荒漠化防治提供了强有力的技术支撑和理论指导。取得的重大成果主要包括：

（1）创造发明和引进推广各种沙障 20 余种，其中黏土、麦草、棉秆等 6 种沙障在沙区得到广泛应用，研究并提出"固身削顶""拦腰截段""黏土＋梭梭"和"四带一体"等固沙技术与模式 20 余项。利用各类固沙技术模式先后建立了荒漠化防治示范样板 5 处，荒漠化防治技术在全国广大沙区大面积推广。

（2）自主研发大型非称量蒸腾耗水量观测系统，获得了不同树种的蒸散耗水特征和耗水量，确定了降水量为 110 mm 时人工梭梭林合理保存密度为 675 株/hm²，降水量 150 mm 时为 1 245 株/hm²，为梭梭人工林建设提供了科学依据。

（3）20 世纪 60 年代，最早从新疆引进新疆杨，通过育苗造林技术研究，在甘肃推广栽培面积 10 万亩以上，并广泛推广应用于北方和华北地区的农田防护林网建设中。

（4）掌握了民勤 50 多年来地下水位逐年下降过程中荒漠植被演变规律及其特征，确定民勤生态地下水位的临界范围（7～11 m），为绿洲生态环境建设提供基础数据。

（5）2005 年在民勤绿洲边缘建立我国首套近地面沙尘观测系统，开展长期的绿洲边缘沙尘暴监测研究，揭示了沙漠、荒漠绿洲过渡带、绿洲三种典型植被类型近地面 0～50 m 范围内沙尘颗粒物的空间分布规律和沙尘输运过程，定量验证了防风固沙林和农田防护林对沙尘暴强大的防护和减灾作用，填补了我国沙尘暴近地面观测研究的空白，为沙尘暴灾害防治、绿洲防护林建设提供了科学依据。

（6）2012 年建立了祁连山石羊河流域防护林生态功能监测体系，长期监测流域生态环境变化，以水资源为主线，全面开展祁连山森林、武威及民勤绿洲防护林生态变化，退化生态系统恢复及防护林结构优化模式研究，解决石羊河流域及同类地区共同面临的退化防护林体系修复和保育技术，保障水资源持续利用与社会经济可持续发展，加快国家生态文明建设。

（7）长期开展荒漠绿洲边缘的水、土、气、生的结构和功能以及过程研究，分析特征区域降水及地下水动态变化特征，开展不同类型植物的蒸腾、耗水特征，土壤水分分布规律以及地下水位特征等相关研究，对绿洲边缘不同阶段、结构、类型的生态系统特征基于水量平衡的稳定性进行评价，揭示了典型区域内土壤的物理、化学和生物学特性及成土过程、水分特征与群落演替过程的影响。

（8）承担甘肃省 19 个市县国家沙化土地封禁保护区生态效益监测评估，形成沙化土地封禁区生态监测评估指标体系，监测掌握沙化土地动态变化过程，适时提出人工干预沙化土地恢复措施及对策，为我国开展沙化土地封禁保护工作提供技术支撑。

第 2 章

观测样地与设施

民勤站设置有永久性综合观测样地 38 块、气象观测场 7 座、地下水位观测场 7 个、植物物候观测场 2 个、沙尘暴观测场 3 个、风沙流观测场 2 个、沙旱生植物蒸腾耗水量观测场 2 个、沙生动植物园 1 座、防风固沙试验示范场 1 个、石羊河流域生态观测系统 1 套、阿拉善生态监测站 1 座。

2.1 综合观测样地

民勤站设置永久性综合观测场 38 个，各观测场都选择了在该区域具有代表性的植物群落。观测场建立于 2006 年，观测样地大小为 100 m×100 m，都为永久性观测场，场内海拔 1 360～1 379 m，中心点经纬度为：E 102°51′15″—E 102°59′42″，N 38°34′08″—N 38°36′43″。观测场内优势植物种名为：梭梭 [*Haloxylon ammodendron* (C. A. Mey.) Bunge]、蒙古沙拐枣 (*Calligonum mongolicum* Turcz.)、多枝柽柳 (*Branchy tamarisk* Ledeb.)、唐古特白刺 (*Nitraria tangutorum* Bobr.)、沙蒿 (*Artemisia desertorum* Spreng.)、膜果麻黄 (*Ephedra przewalskii* Stapf.)、沙枣 (*Elaeagnus angustifolia* Linn.) 等，为优势种的典型荒漠植被类型。生物要素为每年 9 月下旬，组织技术人员对植物组成、生长量、生物量、盖度等进行统一调查计算；土壤要素每 5 年对各采样点的土壤进行采样分析，分析指标主要包括容重、机械组成、pH、有机质、氮、磷、钾、全盐量等；水分含量用烘干法测定，每年采样测定一次，用中子管每年 3—10 月每月测定一次。永久性综合观测场及采样地包括：①综合观测场土壤、生物采样地。②综合观测场中子管观测点。③综合观测场烘干法采样点（图 1-1）。

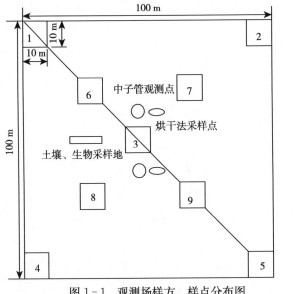

图 1-1　观测场样方、样点分布图

2.1.1　梭梭林综合观测样地

样地代码为 MQDZH01ABC_01，该观测样地位于民勤国家野外站沙生植物园后，建立于 2006 年 6 月，为永久性观测场。观测样地为 100 m×100 m 的正方形，中心点经纬度为：E 102°58′24″，N 38°35′20″。样地内优势植物种为 70—80 年代人工栽植的梭梭，伴生植物有唐古特白刺、花棒、毛条、蒙古沙拐枣、雾冰藜、盐生草、沙芥、沙米、黄花矶松等。植被垂直结构中，上层为梭梭、花棒、毛条，中间层为白刺，下层为一年生草本植物雾冰藜、沙米、猪毛菜等。观测样地内大多为起伏沙丘地，并设有固沙黏土沙障，沙丘最高 2.3 m，大多数沙丘高 1.5～1.8 m。目前沙丘已固定或半固定。观测样地建立前、后，植物生长无人工干扰，天然生长，只进行采样、调查活动。观测场内梭梭退化严重，对于长期定位观测研究具有典型的代表性。

2.1.2　红柳综合观测样地

样地代码为 MQDZH02ABC_01，该观测样地位于民勤国家野外站东北面，建立于 2006 年 6 月，为永久性观测场。观测场大小为 100 m×100 m 的正方形，中心点经纬度为：E 102°59′42″，N 38°34′52″，海拔高度为 1 372 m。观测样地内为天然红柳沙包，生长的植物主要有红柳、唐古特白刺、蒙古沙拐枣和沙米等。样地内植被上层生长有红柳、蒙古沙拐枣，中间层为唐古特白刺、沙蒿等，下层为大量的沙米和少量的猪毛菜。观测样地西面为沙砾质平地，东、南面为农田，北为半固定白刺包和红柳沙包。观测样地内土壤为风沙土，红柳零散分布，部分红柳沙包活化后已成为流动沙丘，沙拐枣在该观测场内分布较多，有取代红柳迹象。观测场建立前、后，无人工干扰。

2.1.3　沙拐枣综合观测样地

样地代码为 MQDZH03ABC_01，该观测样地位于民勤国家野外站西北面的巴丹吉林沙漠边缘，建立于 2006 年 6 月，为永久性观测场。观测样地大小为 100 m×100 m 的正方形，中心点经纬度为：E 102°56′27″，N 38°36′43″，海拔高度为 1 365 m。样地内沙拐枣大多为天然更新林，东面为零星分布的梭梭林和天然更新沙拐枣林，南面为流动沙丘，西面为天然更新的沙拐枣林，北面生长有梭梭和蒙古沙拐枣。该观测样地内为单纯的沙拐枣天然更新林，上层生长有蒙古沙拐枣和少量梭梭，中间层为唐古特白刺，下层为沙米、盐生草、猪毛菜等一年生草本植物。观测样地内大多为半固定沙丘，属于天然固沙林，人类影响极少，样地东面 1 km 处有通向沙漠的便道。随着固定沙丘活化后形成流动沙丘，浅根系的沙拐枣利用天然降水生长，出现大量沙拐枣天然更新苗，沙丘前移后有芦苇生长。

2.1.4　白刺综合观测样地

样地代码为 MQDZH04ABC_01，该观测样地位于民勤站沙生植物园后，为天然白刺沙堆永久性观测样地。建立于 2006 年 6 月，中心点经纬度为：E 102°58′19″，N 38°35′20″，观测样地为 100 m×100 m 的正方形，样地东南为人工梭梭林，西北方向白刺沙包，沙包高度为 3～5 m。样地内大多为已固定的白刺沙包，但部分沙包出现活化迹象。唐古特白刺受天然降水影响，沙丘活化后形成的新白刺生长较好，固定沙丘部位出现枯梢现象。观测样地内上层生长有极少的梭梭、蒙古沙拐枣，中间层为唐古特白刺，下层为少量沙米、盐生草、猪毛菜等。样地内土壤类型为风沙土，该观测样地为防风固沙灌木林地，人为活动少，对于长期定位观测研究白刺演替具有典型的代表性。

2.1.5　沙蒿综合观测样地

样地代码为 MQDZH05ABC_01，该观测样地为沙蒿天然植物群落，位于民勤站附近民昌公路 18 km 处，地处巴丹吉林沙漠边缘，为永久性观测采样地。观测样地建立于 2006 年 6 月，中心点经纬度为：E 102°51′22″，N 38°33′56″，海拔为 1 371 m，观测样地为 100 m×100 m 的正方形。样地内优势种群为天然沙蒿群落，群落东西约 2 km，南北约 500 m，西侧生长有大量麻黄，南侧逐渐麻黄增多。该样地内除天然生长的沙蒿外，伴生有麻黄、白刺，上层生长少量梭梭，中间层为唐古特白刺、沙蒿、麻黄，下层为雾冰藜、猪毛菜等一年生草本植物。地貌为低平覆沙地，覆沙厚度最厚 50 cm。观测样地建立前、后植被天然生长，封育管理，无人工干预。

2.1.6 麻黄综合观测样地

样地代码为 MQDZH06ABC_01，该综合观测样地为麻黄天然群落，位于民勤站附近民昌公路 18 km 处，地处巴丹吉林沙漠边缘，为永久性观测采样地。观测样地建立于 2006 年 6 月，中心点经纬度为：E 102°51′15″，N 38°33′52″，海拔为 1 367 m，样地为 100 m×100 m 的正方形。样地内为天然膜果麻黄灌木林，东侧生长有沙蒿、麻黄，样地内优势种群为天然膜果麻黄群落，伴生有泡泡刺、沙蒿、唐古特白刺、蒙古沙拐枣等，麻黄生长正常，上层生长有蒙古沙拐枣，中间层为麻黄、沙蒿、唐古特白刺，下层为一年生草本植物。土壤类型为风沙土，样地内人类活动较少，建立前、后全为天然生长，无人工干预，并用围栏围封，只有科研人员定期进行调查。膜果麻黄是干旱区超旱生植物，定位研究其变化对于探讨干旱区植被演替具有一定的意义。

2.2 辅助观测场

2.2.1 植物物候观测场

该观测场代码为 MQDFZ01，位于民勤沙生植物园附近，为天然、人工林（草）生态系统观测场，观测场建立于 1974 年 1 月，为永久性观测采样地，观测场为 3 km×2 km 的长方形观测区。中心点经纬度为：E 102°57′48″—E 102°59′50″，N 38°36′57″—N 38°34′50″，海拔高度为 1 367 m。该观测场大多为沙旱生植物，在绿洲边缘防风固沙中发挥重要的生态效益，观测场内无人工干扰、破坏，观测植物种集中，选择在该区进行草本、木本植物物候观测，对研究环境变化与植物物候相互关系具有较好的代表性。群落结构可分为 3 层：乔木层主要由新疆杨、二白杨等组成，高度约 5~15 m；灌木层主要由梭梭、红柳、毛条等组成，高度约 2~3 m；草本层主要由沙地旋复花、披针叶黄花、黄花矶松等植物组成。多为流动沙丘、固定沙丘、半固定沙丘、丘间地，土壤类型为风沙土。作为防风固沙林，人类活动较少。

2.2.2 17 号井地下水观测场

该观测场代码为 MQDFZ10，位于绿洲荒漠过渡带，建立于 1985 年 6 月，为永久性观测采样地，观测井为农用机井，中心点经纬度为：E 102°57′32″，N 38°36′24″，海拔高度为 1 353 m。观测场附近植被类型主要为人工固沙林和天然白刺灌丛沙包，主要植被有梭梭、唐古特白刺、蒙古沙拐枣、霸王、花棒、毛条等。通过在该区域对地下水的监测，可以动态掌握绿洲边缘到绿洲内部地下水位年际动态变化，进一步研究地下水位、水质变化与植被变化之间的相互关系。

2.2.3 15 号井地下水观测场

该观测场代码为 MQDFZ11，位于绿洲与荒漠交错带，建立于 1981 年 6 月，为永久性观测采样地。中心点经纬度为：E 102°58′12″，N 38°35′37″，海拔高度为 1 370 m。植被类型为天然和人工固沙灌木林，观测点主要植被包括唐古特白刺、蒙古沙拐枣和人工栽植的二白杨、沙枣等乔木防风固沙林。上层生长有二白杨、沙枣等乔木树种，中间层为白刺、沙拐枣等灌木树种，下层为草本植物。观测场为固定沙丘和半固定沙丘，表层已形成结皮，通过监测可以研究地下水位变化对沙生植物的影响。观测井为农用机井，观测场内人类活动较少。

2.2.4　植物园井地下水观测场

该观测场代码为 MQDFZ12，位于民勤绿洲内部民勤沙生植物园内，建立于 1981 年 6 月，为永久性观测采样地，中心点经纬度为：E 102°58′33″，N 38°35′13″，海拔高度为 1 367 m。该区域为人工防护林、沙生植物引种栽培地，植物为 70—80 年代种植的新疆杨、二白杨和植物园引种的沙生植物，分乔木、灌木、草本三层。地下水抽水灌溉。

2.2.5　站院内井地下水观测场

该观测场代码为 MQDFZ13，位于民勤站站区内，建立于 1981 年 1 月，为永久性观测场，中心点经纬度为：E 102°59′05″，N 38°34′32″，海拔为 1 350 m。观测场内为办公区，附近大多为 70—80 年代种植的新疆杨、二白杨、沙生植物等，上层为乔木树种，中间层为灌木，下层为草本植物。抽取地下水灌溉利用。通过长期观测，可以监测出绿洲内部年际地下水资源的变化动态。

2.3　气象观测场及观测设施

民勤国家野外站拥有气象观测场 4 个，其中包括：1 号地面标准自动气象站观测场、2 号全辐射自动气象站观测场、3 号小气候观测场、4 号人工地面标准气象站观测场。1、2、3 号观测场分别建于 2006 年、1996 年和 2003 年。观测场沿沙漠—沙漠绿洲过渡带—绿洲的水平梯度线设置，监测从沙漠到绿洲 3 种典型景观的气候梯度变化。4 号人工地面标准气象观测场始建于 1961 年，按照国家气象局的观测标准对民勤荒漠区气象因子进行长期监测。

2.3.1　1 号自动气象观测站

民勤站 1 号自动气象观测站建于 2006 年，中心点经纬度为：E 102°59′05″，N 38°34′25″，该气象场位于民勤绿洲内部，属于全自动地面标准气象观测站，用于实时监测绿洲内部小气候气象因子。该观测场仪器设备由长春气象仪器研究所研制、安装调试、标定。仪器型号为：AMS - II 型，观测指标包括风速、风向、地温、气温、气压、降雨、空气相对湿度等常规监测指标。观测频度为小时记录观测。自 2006 年建站以来，每年进行标定，按时进行维护，气象站设备运行正常。

2.3.2　2 号自动气象观测站

民勤站 2 号自动气象站始建于 1998 年，2008 年更新为全辐射自动气象站，中心点经纬度为：E 102°57′29″，N 38°35′53″，位于民勤绿洲边缘的荒漠绿洲过渡带，用于实时监测绿洲边缘小气候气象因子。观测指标包括风速、风向、地温、气温、空气相对湿度、太阳辐射（净辐射、反辐射、光合有效辐射、紫外辐射、直接辐射）、土壤热通量、降雨等常规监测指标，观测频度为小时记录观测。2008 年以来气象站各设备长年运行正常。

2.3.3　3 号小气候观测站

民勤站 3 号小气候观测站始建于 2003 年，2018 年进行更新，中心点经纬度为：E 102°55′11″，N 38°37′44″，位于民勤沙漠边缘区，属于自动地面小气候观测站，用于实时监测民勤沙漠小气候气象因子。该观测场仪器设备由北京澳作生态仪器公司安装、调试，仪器型号为：AMS - II 型，观测指标包括风速、风向、地温、气温、气压、降雨、空气相对湿度、太阳辐射等常规监测指标，观测频度为小时记录观测。自 2003 年建立该气象观测站以来，每年进行标定，维护人员定期对设备进行维护，设备运行正常。

2.3.4　人工地面标准气象观测站

　　该人工地面标准气象观测站建于1961年，位于民勤绿洲内部，中心点经纬度为：E 102°59′05″，N 38°34′25″，属于地面标准气象观测站，用于监测民勤干旱荒漠区长期气象因子变化及荒漠绿洲过渡带小气候因子变化特征。该观测场仪器设备为国家通用气象监测仪器。观测指标包括风速、风向、地温、气温、气压、空气相对湿度、降雨、总云量、日照时数、冻土深度、蒸发量等常规监测指标。观测频度为每日8:00、14:00、20:00记录观测。自1961年建立该气象观测场以来，有专职气象观测人员按照国家气象观测的标准规范开展观测、维护，设备运行正常，数据资料连续。

2.4　风沙运动长期试验观测场及观测设施

　　民勤站目前拥有3个长期沙尘暴及风沙运动规律长期试验观测场，观测场由沙尘暴观测系统和地面风沙流观测系统组成。沙尘暴观测系统于2003年开始建设，2005年正式投入使用。该系统是我国第一套近地层沙尘暴观测系统，由分别安装在沙漠、沙漠绿洲过渡带和绿洲的3座沙尘暴观测塔组成，3塔水平跨度8.3 km，塔高50 m，实现了对中小尺度、典型环境、近地层沙尘天气的定位监测。监测水平梯度8.3 km、垂直梯度50 m的沙尘暴运动空间，其中包含了沙漠、防风固沙林带和绿洲3种民勤典型的下垫面景观。观测内容是沙尘水平通量、垂直降尘量、总浓度、TSP、PM10、PM5的时空变化及50 m高梯度风速、风向等要素。梯度风速观测频度为1 min，沙尘水平通量、垂直降尘量的观测都在一次沙尘天气过程结束后采样观测，开展近地层沙尘暴结构和运动规律及其与下垫面的关系研究。风沙流观测场建立在沙漠、沙漠-绿洲交错带两种下垫面上。每个观测场内均垂直主风向设置了200 m的观测研究断面，在观测研究断面的不同地貌类型上设置各种风沙流观测仪器，研究风沙流运动规律和不同下垫面条件下的风沙流流量及沙丘运动规律。

2.4.1　1号沙尘暴观测塔

　　民勤站1号沙尘暴观测塔位于民勤国家野外站站区院内，属于民勤绿洲内部。该观测塔建立于2005年。用于观测绿洲内部沙尘暴过程中不同剃度风速、风向、沙尘水平、垂直通量和气溶胶浓度等指标。中心点经纬度为：E 102°34′25″，N 38°34′25″。观测塔高为50 m，在垂直梯度上分19个层次，安装有风向跟踪滤袋式沙尘水平通量仪、灯芯式沙尘垂直沙尘湿收集仪和梯度风速、风向传感器。1号沙尘暴观测场附近为以新疆杨、二白杨等高大乔木为主的农田防护林，防护林网密集。主要观测研究绿洲防护林内沙尘分布特征及防护林对沙尘暴的防护效能。

2.4.2　2号沙尘暴及风沙流观测塔

　　民勤站2号沙尘暴观测塔位于民勤绿洲荒漠过渡带，中心点经纬度为：E 102°57′29″，N 38°35′29″。该观测塔建立于2005年，用于观测沙尘暴过程中荒漠绿洲过渡带防风固沙林内不同垂直梯度风速、风向、沙尘水平、垂直通量和气溶胶浓度等指标。观测塔垂直梯度上安装的仪器设备与1号沙尘暴观测塔安装的相同。风沙流观测场以观测塔为中心，在地面垂直主风向沿沙丘顶部至丘间地建立了200 m长的观测研究断面，在观测研究断面上安装风向跟踪滤袋式积沙仪、风沙流流量计、风沙流流量实时监测仪等风沙流观测仪器开展地面风沙运动监测。2号沙尘暴观测场为人工和天然防风固沙灌木林，主要植被为梭梭、蒙古沙拐枣、唐古特白刺等沙生灌木植被。

2.4.3　3 号沙尘暴及风沙流观测塔

　　民勤站 3 号沙尘暴观测塔位于沙漠区，中心点经纬度为：N 38°37′44″，E 102°55′11″。该观测塔建立于 2005 年，用于观测沙漠沙尘暴过程中剃度风速、风向、沙尘水平和垂直通量、气溶胶浓度等指标。观测塔仪器设备同 1 号观测塔。风沙流观测系统以观测塔为中心，在地面垂直主风向沿不同地表类型建立 200 m 长的观测研究断面，在观测研究断面上安装的仪器同 2 号观测场。3 号沙尘暴观测场为天然生长稀疏的白刺沙包和星月型流动沙丘链，具有典型的荒漠风沙地貌特征。

第3章

联网长期观测数据

3.1 荒漠生态系统生物观测数据

3.1.1 荒漠植物种类组成及群落特征数据集

（1）概述

本数据集（表3-1至表3-4）主要包括民勤站2007年、2009年、2011年、2013年、2015年6个长期综合观测样地灌木层植物种类组成及数量特征数据。6个观测样地分别为梭梭林综合观测样地（样地代码MQDZH01ABC_01）、红柳综合观测样地（样地代码MQDZH02ABC_01）、沙拐枣综合观测样地（样地代码MQDZH03ABC_01）、白刺综合观测样地（样地代码MQDZH04ABC_01）、沙蒿综合观测样地（样地代码MQDZH05ABC_01）、麻黄综合观测样地（样地代码MQDZH06ABC_01），观测样地面积为1 hm²（100 m×100 m）。观测样地内优势植物种分别为：梭梭 [*Haloxylon ammodendron* (C. A. Mey.) Bunge]、蒙古沙拐枣（*Calligonum mongolicum* Turcz.）、多枝柽柳（*Branchy tamarisk* Ledeb.）、唐古特白刺（*Nitraria tangutorum* Bobr.）、沙蒿（*Artemisia desertorum* Spreng.）、膜果麻黄（*Ephedra przewalskii* Stapf.）。

（2）数据采集和处理方法

在6块100 m×100 m综合观测样地内沿对角线设置9个10 m×10 m的样方，每年9月对9个小样方内灌木、半灌木、多年生草本进行每木检尺，调查内容为植物名称、高度、冠幅、灌内盖度、株数等；一年或二年生草本调查采用五点法，在每个样方（10 m×10 m）内四个角和中心设置1 m×1 m小样方，调查植物名称、高度、冠幅、灌内盖度、株数。灌木植物生物量根据植被调查数据，对每一个样地内每种灌木根据高度、冠幅、灌内盖度分成大、中、小三种类型，计算出每种类型平均高度、平均冠幅、平均灌内盖度，以这三个指标作为标准木的选取标准，在样地外（距离样地不超过20 m）挖取不同物种、不同大小的标准木，将地上部分和地下根系分别装袋并标记，带回实验室分别称取鲜重，用烘箱烘干至恒重（96 h），分别称取干重（g）；根据植被调查数据，分别计算出每个样地内每种植物大、中、小三种类型的株数，每个样地内每种植物生物量＝株数（大）×标准木干重（大）＋株数（中）×标准木干重（中）＋株数（小）×标准木干重（小）；灌木层单位面积地上部总干重＝每种植物地上总干重之和/900（g/m²），地下部总干重计算方法相同。草本植物生物量将10 m×10 m样方内5个小样方草本全部带根系收割，分类装袋标记，带回实验室称鲜重，用烘箱烘干至恒重（48 h），称取干重（g）；草本层单位面积地上部总干重＝样地内（9个10 m×10 m样方）所有小样方（1 m×1 m）地上部总干重/45（g/m²），地下部总干重计算方法相同。凋落物收集方法是沿样地（100 m×100 m）对角线设置凋落物收集框（70 cm×100 cm）收集灌木凋落物、设置1 m×1 m小样方（用30 cm高塑料网围封）收集草本凋落物，分类标记并带回实验室用烘箱烘干至恒重（96 h），计算出单位面积凋落物干重。

（3）数据质量控制与评估

　　本数据集来源于野外样地的实测调查。调查前根据统一的调查技术规范对测量人员和记录人员进行培训，尽可能地减少人为误差。调查过程中，根据观测样地小样四角标识水泥柱，按照小样方编号逐个进行调查，对不确定的植物种标本并在室内进行鉴定。调查人和记录人完成小样方调查时，当即对原始记录表进行核查，发现有误的数据及时纠正。调查完成后，调查人和记录人完成对样方数据的进一步核查，并补充相关信息；纸质版数据录入电脑过程中，采用 2 人同时输入数据的方式，自查并相互检查，以确保数据输入的准确性；最后形成的物种组成数据集由专家进行最终审核和修订，确保数据集的真实、可靠；野外纸质原始数据集妥善保存并备份，放置于不同地方，以备将来核查。

　　（4）数据

　　荒漠植物灌木层和草本层种类组成数据见表 3-1、表 3-2，荒漠植物群落灌木层和草本层群落特征数据见表 3-3、表 3-4。

表 3-1　荒漠植物灌木层种类组成

年份	群落名称	样地代码	样方数	样方面积 (m×m)	植物种名	株/丛数 (hm²)	平均高度 (m)	盖度 (%)	地上部总干重 (g/m²)	地下部总干重 (g/m²)
	梭梭群落	MQDZH01ABC_01	9	10×10	唐古特白刺	677.78	0.29	4.55	31.718 2	18.883 1
					梭梭	388.89	1.49	4.28	165.158 0	32.069 5
					细枝岩黄耆	33.33	0.78	0.17	0.615 3	0.119 5
					柠条锦鸡儿	33.33	0.68	0.03	0.192 8	0.037 4
					苦豆子	266.67	0.11	0.01	0.055 6	0.385 5
					蒙古沙拐枣	11.11	0.15	0.00	0.027 9	0.034 5
	红柳群落	MQDZH02ABC_01	9	10×10	红柳	233.33	0.94	2.31	19.377 9	27.682 7
					蒙古沙拐枣	766.67	0.30	0.77	4.408 7	5.443 1
					梭梭	22.22	0.60	0.04	0.392 2	0.076 2
					沙蒿	11.11	0.58	0.03	0.078 4	0.017 4
					唐古特白刺	155.56	0.06	0.01	0.028 6	0.017 1
2007	沙拐枣群落	MQDZH03ABC_01	9	10×10	蒙古沙拐枣	4 011.11	0.35	5.41	10.014 0	24.629 2
					苦豆子	111.11	0.17	0.02	0.227 1	0.038 2
					梭梭	11.11	1.10	0.02	0.220 5	0.042 8
					唐古特白刺	11.11	0.07	0.00	0.001 6	0.001 0
	白刺群落	MQDZH04ABC_01	9	10×10	唐古特白刺	622.22	0.25	12.75	96.816 5	57.638 9
					柠条锦鸡儿	22.22	0.17	0.00	0.091 0	0.017 7
	沙蒿群落	MQDZH05ABC_01	9	10×10	沙蒿	9 900.00	0.46	5.09	25.027 8	5.545 7
					膜果麻黄	477.78	0.21	1.02	22.144 7	3.093 0
					蒙古沙拐枣	372.22	0.27	0.17	1.637 7	2.021 9
					唐古特白刺	33.30	0.10	0.00	0.004 0	0.002 4
	膜果麻黄群落	MQDZH06ABC_01	9	10×10	膜果麻黄	4 333.33	0.13	2.13	27.905 1	3.897 6
					泡泡刺	588.89	0.21	1.17	10.700 4	6.369 3
					唐古特白刺	44.44	0.19	0.19	1.099 7	0.654 7
					蒙古沙拐枣	444.44	0.16	0.04	1.077 0	1.329 7
					沙蒿	1 188.89	0.10	0.01	1.644 9	0.364 5

（续）

年份	群落名称	样地代码	样方数	样方面积 （m×m）	植物 种名	株/丛数 （hm²）	平均高度 （m）	盖度 （%）	地上部总干重 （g/m²）	地下部总干重 （g/m²）
	梭梭群落	MQDZH01ABC_01	9	10×10	唐古特白刺	616.67	0.25	3.22	22.137 7	13.179 5
					梭梭	345.56	1.62	2.48	161.937 5	31.444 2
					细枝岩黄耆	33.33	0.68	0.03	0.379 9	0.073 8
					苦豆子	277.78	0.05	0.01	0.300 1	0.050 5
					盐爪爪	3 555.56	0.02	0.00	3.890 7	0.862 1
					柠条锦鸡儿	33.33	0.63	0.00	0.139 8	0.027 1
	红柳群落	MQDZH02ABC_01	9	10×10	红柳	722.22	0.40	1.49	26.753 8	38.219 6
					蒙古沙拐枣	1 088.89	0.22	0.52	4.126 7	5.094 9
					梭梭	22.22	1.30	0.23	2.817 7	0.547 1
					唐古特白刺	22.20	0.30	0.00	0.238 1	0.141 8
					沙蒿	11.11	0.38	0.01	0.054 7	0.012 1
	沙拐枣群落	MQDZH03ABC_01	9	10×10	蒙古沙拐枣	3 700.00	0.36	7.32	21.593 0	26.659 3
2009					梭梭	11.11	1.15	0.05	0.276 4	0.053 7
					唐古特白刺	11.11	0.13	0.00	0.003 9	0.002 3
	白刺群落	MQDZH04ABC_01	9	10×10	唐古特白刺	800.00	0.22	10.76	78.496 7	46.732 3
					柠条锦鸡儿	22.22	0.53	0.00	0.104 6	0.020 3
					苦豆子	22.22	0.04	0.00	0.029 7	0.005 0
	沙蒿群落	MQDZH05ABC_01	9	10×10	沙蒿	147 661.11	0.03	1.65	130.469 4	28.909 6
					膜果麻黄	768.89	0.15	1.17	23.660 9	3.304 8
					蒙古沙拐枣	355.56	0.21	0.06	1.135 6	1.402 1
	膜果麻黄群落	MQDZH06ABC_01	9	10×10	膜果麻黄	4 856.67	0.15	2.70	34.365 5	4.800 0
					泡泡刺	685.56	0.20	1.63	13.867 7	8.254 6
					唐古特白刺	22.22	0.18	0.18	0.972 8	0.579 2
					蒙古沙拐枣	133.33	0.21	0.04	0.492 9	0.608 5
					沙蒿	11 755.56	0.02	0.03	10.596 8	2.348 0
					紫苑木	11.11	0.10	0.00	0.010 7	0.001 8
					盐爪爪	100.00	0.01	0.00	0.102 0	0.022 6
2011	梭梭群落	MQDZH01ABC_01	9	10×10	梭梭	500.00	1.33	3.55	188.195 6	36.542 8
					唐古特白刺	788.89	0.26	3.16	24.605 8	14.648 8
					细枝岩黄耆	44.44	0.78	0.14	0.648 5	0.125 9
					柠条锦鸡儿	33.33	0.62	0.02	0.192 6	0.037 4
					苦豆子	288.89	0.09	0.01	0.272 2	0.045 8

（续）

年份	群落名称	样地代码	样方数	样方面积 (m×m)	植物种名	株/丛数 (hm²)	平均高度 (m)	盖度 (%)	地上部总干重 (g/m²)	地下部总干重 (g/m²)
2011	梭梭群落	MQDZH01ABC_01	9	10×10	蒙古沙拐枣	22.22	0.06	0.00	0.020 8	0.025 7
	红柳群落	MQDZH02ABC_01	9	10×10	蒙古沙拐枣	2 500.00	0.23	1.33	8.993 1	11.103 1
					红柳	177.78	0.78	1.06	11.309 8	16.156 9
					梭梭	22.22	1.87	0.56	25.226 7	4.898 4
					唐古特白刺	155.56	0.10	0.29	2.254 2	1.342 0
					沙蒿	11.11	0.58	0.04	0.082 1	0.018 2
	沙拐枣群落	MQDZH03ABC_01	9	10×10	蒙古沙拐枣	12 466.67	0.14	4.10	35.149 7	43.396 8
					唐古特白刺	11.11	0.36	0.02	0.179 3	0.106 8
	白刺群落	MQDZH04ABC_01	9	10×10	唐古特白刺	744.44	0.23	8.36	59.795 2	35.598 5
					柠条锦鸡儿	22.22	0.82	0.01	0.117 8	0.022 9
					红砂	11.11	0.03	0.00	0.019 0	0.003 7
	沙蒿群落	MQDZH05ABC_01	9	10×10	沙蒿	40 522.22	0.07	1.58	49.922 5	11.061 9
					膜果麻黄	1 466.67	0.14	1.22	30.476 9	4.256 8
					蒙古沙拐枣	2 753.33	0.08	0.25	5.054 5	6.240 4
					唐古特白刺	88.89	0.05	0.01	0.015 9	0.009 4
					泡泡刺	11.11	0.12	0.00	0.005 6	0.003 3
	膜果麻黄群落	MQDZH06ABC_01	9	10×10	膜果麻黄	4 132.22	0.16	2.86	42.073 4	5.876 6
					泡泡刺	495.56	0.20	1.15	10.507 7	6.254 6
					唐古特白刺	251.11	0.27	0.90	6.841 1	4.072 8
					蒙古沙拐枣	366.67	0.11	0.04	0.791 7	0.977 4
					紫苑木	33.33	0.17	0.01	0.065 8	0.011 1
					沙蒿	400.00	0.05	0.01	0.575 9	0.127 6
2013	梭梭群落	MQDZH01ABC_01	9	10×10	梭梭	488.89	1.51	4.06	216.443 6	42.027 8
					唐古特白刺	688.89	0.27	3.44	23.991 2	14.282 9
					细枝岩黄耆	55.56	0.62	0.01	0.438 7	0.085 2
					柠条锦鸡儿	11.11	2.05	0.00	0.088 5	0.017 2
	红柳群落	MQDZH02ABC_01	9	10×10	红柳	188.89	0.73	1.28	12.408 9	17.727 0
					蒙古沙拐枣	1 500.00	0.30	0.74	6.059 8	7.481 6
					梭梭	22.22	2.58	0.69	29.566 5	5.741 1
					唐古特白刺	55.56	0.23	0.17	1.805 9	1.075 1
					沙蒿	11.11	0.67	0.04	0.086 4	0.019 1
					红砂	11.11	0.06	0.00	0.114 9	0.022 3

（续）

年份	群落名称	样地代码	样方数	样方面积（m×m）	植物种名	株/丛数（hm²）	平均高度（m）	盖度（%）	地上部总干重（g/m²）	地下部总干重（g/m²）
	沙拐枣群落	MQDZH03ABC_01	9	10×10	蒙古沙拐枣	3 400.00	0.39	4.03	18.143 0	22.399 9
					梭梭	11.11	1.86	0.22	12.921 6	2.509 1
					唐古特白刺	11.11	0.28	0.01	0.068 0	0.040 5
	白刺群落	MQDZH04ABC_01	9	10×10	唐古特白刺	800.00	0.23	7.82	54.304 7	32.329 8
					柠条锦鸡儿	22.22	1.19	0.01	0.157 7	0.030 6
					苦豆子	22.22	0.08	0.00	0.023 1	0.003 9
2013	沙蒿群落	MQDZH05ABC_01	9	10×10	沙蒿	9 377.78	0.31	1.43	22.208 9	4.921 1
					膜果麻黄	722.22	0.29	1.15	31.965 3	4.464 7
					蒙古沙拐枣	622.22	0.23	0.25	2.332 7	2.880 1
					泡泡刺	44.44	0.12	0.00	0.016 5	0.009 8
	膜果麻黄群落	MQDZH06ABC_01	9	10×10	膜果麻黄	3 245.56	0.20	2.59	34.542 7	4.824 7
					泡泡刺	568.89	0.26	1.74	15.338 2	9.129 9
					蒙古沙拐枣	111.11	0.23	0.01	0.334 9	0.413 5
					沙蒿	188.89	0.23	0.00	0.377 7	0.083 7
	梭梭群落	MQDZH01ABC_01	9	10×10	唐古特白刺	877.78	0.26	6.44	47.253 4	28.131 9
					梭梭	522.22	1.48	4.99	232.223 8	45.092 0
					细枝岩黄耆	66.67	0.76	0.07	0.849 1	0.164 9
					柠条锦鸡儿	55.56	0.86	0.05	0.443 6	0.086 1
					苦豆子	77.78	0.05	0.00	0.099 3	0.016 7
	红柳群落	MQDZH02ABC_01	9	10×10	蒙古沙拐枣	1 588.89	0.28	1.42	7.352 9	9.078 1
					梭梭	33.33	2.77	1.37	46.894 9	9.105 8
					红柳	166.67	0.81	0.95	10.937 6	15.625 1
2015					唐古特白刺	144.44	0.10	0.17	1.148 8	0.683 9
					沙蒿	322.22	0.02	0.09	0.103 7	0.023 0
	沙拐枣群落	MQDZH03ABC_01	9	10×10	蒙古沙拐枣	3 255.56	0.39	4.64	20.277 0	25.034 5
					梭梭	11.11	1.75	0.23	3.165 4	0.614 6
					唐古特白刺	11.11	0.40	0.05	0.433 9	0.258 3
	白刺群落	MQDZH04ABC_01	9	10×10	唐古特白刺	744.44	0.28	8.92	74.407 7	44.298 0
					柠条锦鸡儿	11.11	1.36	0.02	0.100 3	0.019 5
					苦豆子	22.22	0.05	0.00	0.024 0	0.004 0
					红砂	11.11	0.03	0.00	0.065 4	0.012 7
	沙蒿群落	MQDZH05ABC_01	9	10×10	沙蒿	6 500.00	0.32	3.92	24.097 9	5.339 6

（续）

年份	群落名称	样地代码	样方数	样方面积（m×m）	植物种名	株/丛数（hm²）	平均高度（m）	盖度（%）	地上部总干重（g/m²）	地下部总干重（g/m²）
	沙蒿群落	MQDZH05ABC_01	9	10×10	膜果麻黄	533.33	0.28	2.36	61.604 0	8.604 5
					蒙古沙拐枣	866.67	0.23	0.69	3.883 3	4.794 5
					唐古特白刺	22.22	0.12	0.01	0.016 0	0.009 5
2015	膜果麻黄群落	MQDZH06ABC_01	9	10×10	膜果麻黄	3 555.56	0.18	5.11	85.493 6	11.941 2
					泡泡刺	633.33	0.30	2.54	27.677 3	16.474 5
					唐古特白刺	33.33	0.24	0.44	3.116 4	1.855 3
					蒙古沙拐枣	100.00	0.26	0.06	0.476 8	0.588 6
					沙蒿	244.44	0.28	0.01	0.472 3	0.104 6

表 3-2　荒漠植物草本层种类组成

年份	群落名称	样地代码	样方数	样方面积（m×m）	植物种名	株/丛数（m²）	平均高度（cm）	盖度（%）	地上部总干重（g/m²）
	梭梭群落	MQDZH01ABC_01	9	10×10	盐生草	0.284 4	3.42	1.00	0.359 7
					刺蓬	0.037 8	18.29	0.22	0.168 9
					雾冰藜	0.060 0	12.13	0.12	0.057 1
					沙蓬	0.093 3	10.64	0.08	0.076 6
					黄花补血草	0.022 2	14.95	0.04	0.140 8
					碟果虫实	0.001 1	7.00	0.00	0.001 1
	红柳群落	MQDZH02ABC_01	9	10×10	盐生草	0.451 1	21.79	8.26	1.129 8
					沙蓬	8.490 0	10.21	6.38	6.301 8
					刺蓬	0.113 3	25.40	2.27	0.808 9
2007					雾冰藜	0.263 3	18.56	1.87	0.379 5
					碟果虫实	0.041 1	4.57	0.03	0.027 3
	沙拐枣群落	MQDZH03ABC_01	9	10×10	沙蓬	5.297 8	16.79	5.59	5.455 4
					芦苇	0.076 7	84.62	0.57	6.617 0
					刺蓬	0.022 2	30.30	0.39	0.154 1
					盐生草	0.007 8	17.86	0.06	0.015 3
					碟果虫实	0.001 1	5.00	0.00	0.001 3
	白刺群落	MQDZH04ABC_01	9	10×10	沙蓬	0.527 8	20.83	2.56	0.846 5
					盐生草	0.351 1	10.46	1.45	0.445 0
					刺蓬	0.035 6	26.47	0.60	0.227 3
					雾冰藜	0.122 2	14.46	0.18	0.102 5
					黄花补血草	0.012 2	12.45	0.06	0.094 0

（续）

年份	群落名称	样地代码	样方数	样方面积（m×m）	植物种名	株/丛数（m²）	平均高度（cm）	盖度（%）	地上部总干重（g/m²）
2007	白刺群落	MQDZH04ABC_01	9	10×10	画眉草	0.115 6	1.35	0.01	0.028 7
					芦苇	0.001 1	27.00	0.00	0.037 4
					砂蓝刺头	0.001 1	5.00	0.00	0.000 1
	沙蒿群落	MQDZH05ABC_01	9	10×10	刺沙蓬	0.006 7	12.50	0.01	0.019 0
					盐生草	0.011 1	6.00	0.00	0.007 9
					碟果虫实	0.002 2	4.00	0.00	0.001 2
					沙蓬	0.006 7	3.00	0.00	0.001 5
	膜果麻黄群落	MQDZH06ABC_01	9	10×10	盐生草	0.046 7	4.43	0.00	0.019 7
					褲子草	0.004 4	11.50	0.00	0.002 7
					刺沙蓬	0.003 3	12.00	0.00	0.007 2
					狗娃花	0.004 4	3.00	0.00	0.009 7
2009	梭梭群落	MQDZH01ABC_01	9	10×10	雾冰藜	12.453 3	3.95	1.50	4.347 1
					盐生草	10.712 2	2.54	0.93	4.243 8
					黄花补血草	0.162 2	5.16	0.17	0.794 9
					沙蓬	1.558 9	2.03	0.04	0.327 7
					砂蓝刺头	0.023 3	1.10	0.01	0.002 4
					碟果虫实	0.027 8	1.00	0.00	0.004 9
	红柳群落	MQDZH02ABC_01	9	10×10	盐生草	11.807 8	2.59	2.25	4.766 5
					雾冰藜	16.634 4	3.17	1.81	5.615 0
					沙蓬	6.502 2	2.24	0.37	1.844 5
					黄花补血草	0.002 2	30.00	0.00	0.027 0
					碟果虫实	0.056 7	1.04	0.00	0.014 6
					刺沙蓬	0.005 6	2.00	0.00	0.006 6
					砂蓝刺头	0.001 1	3.00	0.00	0.000 1
	沙拐枣群落	MQDZH03ABC_01	9	10×10	沙蓬	9.267 8	1.70	0.35	2.244 2
					芦苇	0.058 9	30.53	0.06	2.177 3
					蒙古黄耆	0.012 2	12.09	0.01	0.059 6
					刺沙蓬	0.020 0	2.83	0.00	0.026 4
					盐生草	0.012 2	1.00	0.00	0.004 1
					砂蓝刺头	0.002 2	4.00	0.00	0.000 2
					碟果虫实	0.001 1	1.00	0.00	0.000 2
	白刺群落	MQDZH04ABC_01	9	10×10	黄花补血草	0.575 6	5.91	0.41	2.551 7

（续）

年份	群落名称	样地代码	样方数	样方面积 （m×m）	植物 种名	株/丛数 （m²）	平均高度 （cm）	盖度（%）	地上部总干重 （g/m²）
2009	白刺群落	MQDZH04ABC＿01	9	10×10	盐生草	5.520 0	1.51	0.28	1.875 2
					画眉草	4.775 6	1.61	0.28	1.242 4
					雾冰藜	1.537 8	2.40	0.08	0.440 1
					沙蓬	1.718 9	2.12	0.06	0.437 5
					芦苇	0.005 6	29.00	0.01	0.269 5
					刺沙蓬	0.033 3	3.43	0.00	0.043 1
					甘草	0.001 1	13.00	0.00	0.005 3
					砂蓝刺头	0.004 4	2.75	0.00	0.000 4
					蜱子草	0.001 1	1.00	0.00	0.000 3
					碟果虫实	0.001 1	2.00	0.00	0.000 3
	沙蒿群落	MQDZH05ABC＿01	9	10×10	盐生草	0.006 7	1.00	0.00	0.001 5
					刺沙蓬	0.002 2	3.00	0.00	0.002 3
					沙蓬	0.011 1	1.00	0.00	0.001 6
	膜果麻黄群落	MQDZH06ABC＿01	9	10×10	沙生针茅	0.012 2	15.09	0.01	0.309 6
					裸子草	0.002 2	20.00	0.00	0.003 3
					盐生草	0.037 8	1.00	0.00	0.006 3
2011	梭梭群落	MQDZH01ABC＿01	9	10×10	黄花补血草	0.834 4	5.88	1.01	3.759 9
					盐生草	0.431 1	6.45	0.55	0.325 2
					雾冰藜	0.503 3	4.70	0.37	0.241 3
					刺沙蓬	0.023 3	16.95	0.09	0.089 3
					沙蓬	0.224 4	2.09	0.01	0.060 5
					芨芨草	0.001 1	20.00	0.01	0.059 6
					画眉草	0.004 4	9.25	0.00	0.003 2
					沙芥	0.001 1	10.00	0.00	0.001 1
					砂蓝刺头	0.004 4	8.00	0.00	0.000 5
	红柳群落	MQDZH02ABC＿01	9	10×10	雾冰藜	1.502 2	19.67	12.35	2.543 7
					沙蓬	4.567 8	4.71	1.78	1.949 2
					盐生草	0.118 9	12.47	0.73	0.174 4
					刺沙蓬	0.052 2	16.43	0.19	0.212 5
					黄花补血草	0.022 2	5.85	0.10	0.100 3
					碟果虫实	0.002 2	1.50	0.00	0.000 9
	沙拐枣群落	MQDZH03ABC＿01	9	10×10	沙蓬	5.176 7	1.17	0.13	1.100 1

（续）

年份	群落名称	样地代码	样方数	样方面积 （m×m）	植物 种名	株/丛数 （m²）	平均高度 （cm）	盖度（%）	地上部总干重 （g/m²）
	沙拐枣群落	MQDZH03ABC_01	9	10×10	芦苇	0.042 2	41.53	0.03	2.195 5
					盐生草	0.001 1	22.00	0.01	0.002 4
	白刺群落	MQDZH04ABC_01	9	10×10	黄花补血草	0.950 0	2.57	0.92	2.828 0
					沙蓬	0.858 9	2.27	0.24	0.269 2
					刺沙蓬	0.021 1	9.89	0.09	0.078 8
					盐生草	0.225 6	2.19	0.08	0.097 9
					画眉草	1.746 7	1.00	0.03	0.286 8
					沙芥	0.021 1	10.37	0.01	0.021 0
					雾冰藜	0.020 0	4.67	0.01	0.009 5
					芦苇	0.001 1	30.00	0.00	0.043 5
2011					砂蓝刺头	0.016 7	2.60	0.00	0.001 2
	沙蒿群落	MQDZH05ABC_01	9	10×10	沙蓬	0.057 8	11.38	0.08	0.046 9
					刺沙蓬	0.022 2	18.55	0.07	0.092 5
					盐生草	0.013 3	6.58	0.01	0.010 8
					碟果虫实	0.003 3	9.00	0.01	0.003 8
					砂蓝刺头	0.024 4	4.95	0.01	0.002 8
					沙生针茅	0.001 1	13.00	0.00	0.025 4
					沙芥	0.001 1	5.00	0.00	0.000 4
	膜果麻黄群落	MQDZH06ABC_01	9	10×10	沙生针茅	0.077 8	20.17	0.10	2.611 6
					盐生草	0.016 7	1.40	0.00	0.005 8
					沙蓬	0.004 4	4.25	0.00	0.001 4
					砂蓝刺头	0.001 1	4.00	0.00	0.000 1
					刺沙蓬	0.001 1	6.00	0.00	0.001 8
	梭梭群落	MQDZH01ABC_01	9	10×10	黄花补血草	0.212 2	12.29	0.22	1.155 3
					雾冰藜	2.445 6	3.43	0.17	0.666 2
					盐生草	0.333 3	5.68	0.08	0.198 3
					刺沙蓬	0.030 0	5.70	0.00	0.039 9
2013					沙蓬	0.018 9	3.00	0.00	0.005 0
					画眉草	0.296 7	0.52	0.00	0.022 4
	红柳群落	MQDZH02ABC_01	9	10×10	雾冰藜	3.871 1	3.49	1.15	1.631 7
					黄花补血草	0.020 0	10.78	0.03	0.120 1
					沙蓬	0.182 2	4.88	0.02	0.066 4

（续）

年份	群落名称	样地代码	样方数	样方面积 （m×m）	植物 种名	株/丛数 （m²）	平均高度 （cm）	盖度（%）	地上部总干重 （g/m²）
2013	红柳群落	MQDZH02ABC＿01	9	10×10	盐生草	0.018 9	2.65	0.00	0.008 9
					画眉草	0.002 2	1.00	0.00	0.000 5
					刺沙蓬	0.001 1	2.00	0.00	0.001 2
	沙拐枣群落	MQDZH03ABC＿01	9	10×10	沙蓬	3.486 7	3.29	0.31	1.164 7
					刺沙蓬	0.120 0	8.91	0.15	0.309 7
					芦苇	0.027 8	35.84	0.06	1.263 2
					盐生草	0.005 6	1.80	0.00	0.002 2
					碟果虫实	0.001 1	1.00	0.00	0.000 3
	白刺群落	MQDZH04ABC＿01	9	10×10	黄花补血草	0.623 3	9.87	0.85	3.669 4
					盐生草	0.787 8	3.52	0.33	0.432 2
					雾冰藜	0.352 2	3.33	0.05	0.127 8
					刺沙蓬	0.063 3	4.84	0.04	0.119 0
					画眉草	0.397 8	1.46	0.01	0.079 2
					沙蓬	0.023 3	4.10	0.00	0.009 4
					芦苇	0.002 2	24.00	0.00	0.055 6
	沙蒿群落	MQDZH05ABC＿01	9	10×10	刺沙蓬	0.021 1	6.37	0.01	0.034 9
					沙蓬	0.070 0	3.44	0.00	0.020 9
					沙生针茅	0.005 6	11.00	0.00	0.128 7
					盐生草	0.007 8	3.14	0.00	0.002 6
	膜果麻黄群落	MQDZH06ABC＿01	9	10×10	沙生针茅	0.04	24.14	0.09	1.660 0
2015	梭梭群落	MQDZH01ABC＿01	9	10×10	雾冰藜	4.101 1	7.18	3.99	2.642 1
					盐生草	1.395 6	6.47	1.55	0.520 1
					刺沙蓬	0.555 6	8.37	1.01	1.605 9
					黄花补血草	0.681 1	4.99	0.45	2.877 6
					画眉草	1.070 0	1.99	0.09	0.271 1
					沙蓬	0.112 2	4.08	0.02	0.043 7
					碟果虫实	0.001 1	6.00	0.00	0.000 4
	红柳群落	MQDZH02ABC＿01	9	10×10	雾冰藜	2.934 4	17.79	23.47	4.401 4
					沙蓬	7.896 7	5.45	5.64	4.124 3
					刺沙蓬	0.095 6	25.95	1.33	0.587 1
					盐生草	0.065 6	17.00	0.47	0.122 2
					黄花补血草	0.035 6	15.47	0.29	0.330 2

（续）

年份	群落名称	样地代码	样方数	样方面积（m×m）	植物种名	株/丛数（m²）	平均高度（cm）	盖度（%）	地上部总干重（g/m²）
2015	红柳群落	MQDZH02ABC_01	9	10×10	碟果虫实	0.005 6	5.20	0.02	0.005 3
					画眉草	0.073 3	1.20	0.00	0.016 8
	沙拐枣群落	MQDZH03ABC_01	9	10×10	沙蓬	20.328 9	3.41	1.88	6.762 7
					刺沙蓬	0.116 7	15.84	0.76	0.519 3
					盐生草	0.032 2	8.21	0.14	0.038 5
					芦苇	0.027 8	44.00	0.11	1.576 4
					雾冰藜	0.002 2	4.50	0.00	0.001 1
	白刺群落	MQDZH04ABC_01	9	10×10	刺沙蓬	0.352 2	8.84	0.83	0.904 0
					黄花补血草	1.576 7	6.19	0.73	6.678 2
					雾冰藜	0.563 3	6.29	0.72	0.341 4
					盐生草	1.527 8	3.05	0.51	0.619 9
					沙蓬	0.960 0	5.91	0.21	0.463 6
					画眉草	4.290 0	1.45	0.11	0.816 3
					沙芥	0.003 3	9.00	0.00	0.002 4
	沙蒿群落	MQDZH05ABC_01	9	10×10	沙生针茅	0.002 2	13.00	0.00	0.062 0
					刺沙蓬	0.005 6	6.60	0.00	0.010 2
					砂蓝刺头	0.001 1	1.00	0.00	0.000 1
	膜果麻黄群落	MQDZH06ABC_01	9	10×10	沙生针茅	0.087 8	22.62	0.35	3.841 7
					紫菀木	0.001 1	6.00	0.00	0.000 6

表3-3　荒漠植物群落灌木层群落特征

年份	群落名称	样地代码	样地面积（hm²）	植物种数	密度（株/hm²）	总盖度（%）	凋落物干重（g/m²）	地上部总干重（g/m²）	地下部总干重（g/m²）
2007	梭梭群落	MQDZH01ABC_01	1	6	1 411.11	9.04	3.58	197.77	51.53
	红柳群落	MQDZH02ABC_01	1	5	1 188.89	3.17	0.54	24.29	33.24
	沙拐枣群落	MQDZH03ABC_01	1	4	4 144.44	5.45	1.74	10.46	24.71
	白刺群落	MQDZH04ABC_01	1	2	644.44	12.75	6.97	96.91	57.66
	沙蒿群落	MQDZH05ABC_01	1	4	10 783.33	6.29	3.15	48.81	10.66
	膜果麻黄群落	MQDZH06ABC_01	1	5	6 600.00	3.54	3.66	42.43	12.67
2009	梭梭群落	MQDZH01ABC_01	1	6	4 862.22	5.75	2.76	188.79	45.64
	红柳群落	MQDZH02ABC_01	1	5	1 866.67	2.29	0.68	33.99	44.02
	沙拐枣群落	MQDZH03ABC_01	1	3	3 722.22	7.37	1.30	21.87	26.72
	白刺群落	MQDZH04ABC_01	1	3	844.44	10.76	5.66	78.63	46.76

（续）

年份	群落名称	样地代码	样地面积 （hm²）	植物 种数	密度 （株/hm²）	总盖度 （%）	凋落物干重 （g/m²）	地上部总干重 （g/m²）	地下部总干重 （g/m²）
2009	沙蒿群落	MQDZH05ABC_01	1	3	148 785.56	2.88	6.20	155.27	33.62
	膜果麻黄群落	MQDZH06ABC_01	1	7	17 564.44	4.58	4.70	60.41	16.61
2011	梭梭群落	MQDZH01ABC_01	1	6	1 677.78	6.88	2.99	213.94	51.43
	红柳群落	MQDZH02ABC_01	1	5	2 866.67	3.28	0.90	47.87	33.52
	沙拐枣群落	MQDZH03ABC_01	1	2	12 477.78	4.12	2.10	35.33	43.50
	白刺群落	MQDZH04ABC_01	1	3	777.78	8.37	4.31	59.93	35.63
	沙蒿群落	MQDZH05ABC_01	1	5	44 842.22	3.05	4.93	85.48	21.57
	膜果麻黄群落	MQDZH06ABC_01	1	6	5 678.89	4.98	5.54	60.86	17.32
2013	梭梭群落	MQDZH01ABC_01	1	4	1 244.44	7.51	2.99	240.96	56.41
	红柳群落	MQDZH02ABC_01	1	6	1 788.89	2.93	0.73	50.04	32.07
	沙拐枣群落	MQDZH03ABC_01	1	3	3 422.22	4.26	1.11	31.13	24.95
	白刺群落	MQDZH04ABC_01	1	3	844.44	7.83	3.92	54.49	32.36
	沙蒿群落	MQDZH05ABC_01	1	4	10 766.67	2.83	4.16	56.52	12.28
	膜果麻黄群落	MQDZH06ABC_01	1	4	4 114.44	4.34	4.43	50.59	14.45
2015	梭梭群落	MQDZH01ABC_01	1	5	1 600.00	11.55	4.84	280.87	73.49
	红柳群落	MQDZH02ABC_01	1	5	2 255.56	4.01	0.77	66.44	34.52
	沙拐枣群落	MQDZH03ABC_01	1	3	3 277.78	4.92	1.31	23.88	25.91
	白刺群落	MQDZH04ABC_01	1	4	788.89	8.94	5.37	74.60	44.33
	沙蒿群落	MQDZH05ABC_01	1	4	7 922.22	6.98	7.47	89.60	18.75
	膜果麻黄群落	MQDZH06ABC_01	1	5	4 566.67	8.15	10.67	117.24	30.96

表 3-4　荒漠植物群落草本层群落特征

年份	群落名称	样地代码	样地面积 （hm²）	植物种数	密度 （株/m²）	总盖度 （%）	地上部总干重 （g/m²）	地下部总干重 （g/m²）
2007	梭梭群落	MQDZH01ABC_01	1	6	0.50	1.46	0.80	0.22
	红柳群落	MQDZH02ABC_01	1	5	9.36	18.81	8.65	2.00
	沙拐枣群落	MQDZH03ABC_01	1	5	5.41	6.61	12.24	3.51
	白刺群落	MQDZH04ABC_01	1	8	1.17	4.87	1.78	0.44
	沙蒿群落	MQDZH05ABC_01	1	4	0.03	0.01	0.03	0.01
	膜果麻黄群落	MQDZH06ABC_01	1	4	0.06	0.01	0.04	0.01
2009	梭梭群落	MQDZH01ABC_01	1	6	24.94	2.65	9.72	2.76
	红柳群落	MQDZH02ABC_01	1	7	35.01	4.44	12.27	3.41
	沙拐枣群落	MQDZH03ABC_01	1	7	9.37	0.42	4.51	1.26
	白刺群落	MQDZH04ABC_01	1	11	14.17	1.13	6.87	1.77

（续）

年份	群落名称	样地代码	样地面积（hm²）	植物种数	密度（株/m²）	总盖度（%）	地上部总干重（g/m²）	地下部总干重（g/m²）
2009	沙蒿群落	MQDZH05ABC_01	1	3	0.02	0.00	0.01	0.00
	膜果麻黄群落	MQDZH06ABC_01	1	3	0.05	0.01	0.32	0.11
2011	梭梭群落	MQDZH01ABC_01	1	9	2.03	2.05	4.54	1.17
	红柳群落	MQDZH02ABC_01	1	7	6.27	15.15	4.98	1.28
	沙拐枣群落	MQDZH03ABC_01	1	3	5.22	0.17	3.30	1.00
	白刺群落	MQDZH04ABC_01	1	9	3.86	1.39	3.64	0.90
	沙蒿群落	MQDZH05ABC_01	1	7	0.12	0.18	0.18	0.05
	膜果麻黄群落	MQDZH06ABC_01	1	5	0.10	0.10	2.62	0.92
2013	梭梭群落	MQDZH01ABC_01	1	6	3.34	0.48	2.09	0.56
	红柳群落	MQDZH02ABC_01	1	6	4.10	1.20	1.83	0.52
	沙拐枣群落	MQDZH03ABC_01	1	5	3.64	0.52	2.74	0.77
	白刺群落	MQDZH04ABC_01	1	7	2.25	1.28	4.49	1.15
	沙蒿群落	MQDZH05ABC_01	1	4	0.10	0.02	0.19	0.06
	膜果麻黄群落	MQDZH06ABC_01	1	1	0.04	0.09	1.66	0.58
2015	梭梭群落	MQDZH01ABC_01	1	7	7.92	7.10	7.96	2.15
	红柳群落	MQDZH02ABC_01	1	7	11.11	31.22	9.59	2.42
	沙拐枣群落	MQDZH03ABC_01	1	5	20.51	2.90	8.90	2.13
	白刺群落	MQDZH04ABC_01	1	7	9.27	3.12	9.83	2.47
	沙蒿群落	MQDZH05ABC_01	1	3	0.01	0.00	0.07	0.02
	膜果麻黄群落	MQDZH06ABC_01	1	2	0.09	0.35	3.84	1.34

3.1.2　荒漠植物群物候数据

（1）概述

植物物候是指植物受气候和其他环境因子影响而表现出的以年为周期的自然现象，是植物长期适应气候季节性变化而形成的生长发育规律。植物的物候不仅是植物自身的生理现象，而且也是对外部生境、气候、水文条件的综合反应。本数据集（表3-5、表3-6）主要包括2007—2015年在民勤荒漠区观测的较为典型的25种灌木植物和16种草本植物的物候数据。该物候观测区位于民勤沙生植物园，观测场代码为MQDFZ01，地理位置经纬度为：E102°57′48″—E102°59′50″，N38°36′57″—N38°34′50″，平均海拔为1 378 m，观测区大多为沙旱生植物，在绿洲边缘防风固沙中发挥重要的生态效益，观测区内无人工干扰、破坏，观测植物种集中，选择在该区进行草本、木本植物物候观测，对开展典型区域荒漠植物的物候变化特征及其对气候变化的响应研究具有较好的代表性。

（2）数据采集和处理方法

物候观测是以定人定时定株为原则进行观测的，在植物生长季每2 d观测一次，每种观测植物有3～5株作为重复样株进行物候观测，以免某些植株在观测过程中死亡。物候的观测期从萌动期开始到黄枯期结束。物候观测采用《中国物候观测方法》进行观测，观测物候主要有萌动期、芽开放期、展叶始期、展叶盛期、花蕾花序期、开花始期、开花盛期、开花末期、果实始熟、落果始期、落果末期、叶始黄期、叶全黄期、落叶始期和落叶末期共 15 个物候。为确保观测数据质量，对历年的观测数据报表进行比对，根据多年数据进行阈值检查，对监测数据超出历史数据阈值的异常值进行核验。

（3）数据质量控制

为保证物候观测数据质量，观测人员严格按照《陆地生态系统生物观测规范》中的物候观测规范进行观测。针对观测数据，数据观测人员及时与往年数据进行对比，管理人员进行审核，确保数据的准确性。对物候数据中重要的数据项，如物种的中文名、拉丁名等进行了规范。

（4）数据

荒漠植物灌木和草本物候的数据见表 3-5、表 3-6。

表 3-5　荒漠植物灌木物候数据

年份	样地代码	植物种名	出芽期（月/日）	展叶期（月/日）	首花期（月/日）	盛花期（月/日）	结果期（月/日）	秋季叶变色期（月/日）	落叶期（月/日）
2007	MQDFZ01A00_01	连翘	3/15	4/20	4/10	4/20		10/15	10/10
2007	MQDFZ01A00_01	银露梅	3/23	4/14	6/7	6/12		10/8	10/19
2007	MQDFZ01A00_01	榆叶梅	4/1	4/15	4/12	4/20	5/30	9/25	10/13
2007	MQDFZ01A00_01	沙冬青	3/14	4/15	4/20	4/24	7/6		
2007	MQDFZ01A00_01	文冠果	3/29	4/24	5/12	5/20	8/7	10/10	10/16
2007	MQDFZ01A00_01	蒙古扁桃	3/16	4/6	4/3	4/12	7/4	9/23	
2007	MQDFZ01A00_01	紫丁香	3/20	4/5	4/24	4/28	9/4	10/4	9/24
2007	MQDFZ01A00_01	杠柳	4/13	4/24	5/28	6/10	7/24	9/9	10/6
2007	MQDFZ01A00_01	霸王	4/7	5/11	5/4	5/10	7/5	9/28	9/13
2007	MQDFZ01A00_01	柠条锦鸡儿	3/27	4/19	5/4	5/23	7/10	10/7	10/9
2007	MQDFZ01A00_01	中间锦鸡儿	3/25	4/21	4/30	5/5	7/4	10/9	10/14
2007	MQDFZ01A00_01	长穗柽柳	4/18	4/30	5/23	6/13		9/24	10/11
2007	MQDFZ01A00_01	多枝柽柳	4/16	4/30	5/17	5/25	6/13	10/6	10/8
2007	MQDFZ01A00_01	甘蒙柽柳	4/14	4/28	5/16	6/14	7/21	9/26	10/15
2007	MQDFZ01A00_01	沙木蓼	4/12	4/26	5/13	5/23	6/14	9/10	10/11
2007	MQDFZ01A00_01	蒙古沙拐枣	4/23	5/4	5/27	6/7	7/22	10/13	9/26
2007	MQDFZ01A00_01	唐古特白刺	4/14	4/26	5/26	6/8	7/27	9/25	10/18
2007	MQDFZ01A00_01	膜果麻黄	4/14	4/23	5/14	5/23	7/11	10/12	10/31
2007	MQDFZ01A00_01	沙蒿	3/17	4/11	7/26	8/16	10/8	9/23	9/21
2007	MQDFZ01A00_01	沙枣	3/26	4/20	5/22	5/28	9/15	10/20	10/5
2007	MQDFZ01A00_01	中麻黄	4/24	4/30	5/18	5/27	6/23	10/8	10/23
2007	MQDFZ01A00_01	梭梭	4/11	4/26		5/8	10/13	10/15	10/17
2007	MQDFZ01A00_01	沙棘	3/17	4/22	5/3	5/12		10/13	10/19
2007	MQDFZ01A00_01	杨柴	4/4	4/28	6/7	6/14	8/29	10/2	10/18
2007	MQDFZ01A00_01	花棒	4/13	4/28	6/17	7/29	9/13	10/16	10/11

（续）

年份	样地代码	植物种名	出芽期 （月/日）	展叶期 （月/日）	首花期 （月/日）	盛花期 （月/日）	结果期 （月/日）	秋季叶变色期 （月/日）	落叶期 （月/日）
2008	MQDFZ01A00_01	连翘	3/17	4/23	3/25	4/21		10/14	10/11
2008	MQDFZ01A00_01	银露梅	3/29	4/19	5/30	6/12		10/7	10/17
2008	MQDFZ01A00_01	榆叶梅	3/30	4/19	4/5	4/21	5/27	9/26	10/10
2008	MQDFZ01A00_01	沙冬青	3/20	4/18	4/1	4/23	7/12		
2008	MQDFZ01A00_01	文冠果	4/3	4/27	4/16	5/15	8/9	10/10	10/18
2008	MQDFZ01A00_01	蒙古扁桃	3/22	4/10	3/25	4/13	7/5	9/21	9/23
2008	MQDFZ01A00_01	紫丁香	3/20	4/8	4/13	4/27	9/6	10/3	10/9
2008	MQDFZ01A00_01	杠柳	4/12	4/25	5/22	6/12	7/25	9/12	9/14
2008	MQDFZ01A00_01	霸王	4/10	5/10	4/21	5/12	7/12	9/27	10/10
2008	MQDFZ01A00_01	柠条锦鸡儿	3/25	4/20	4/27	5/22	7/15	10/5	10/11
2008	MQDFZ01A00_01	中间锦鸡儿	3/25	4/27	4/27	5/7	7/5	10/10	10/10
2008	MQDFZ01A00_01	长穗柽柳	4/23	5/3	5/17	6/13		9/22	10/8
2008	MQDFZ01A00_01	多枝柽柳	4/18	5/2	5/10	5/26	6/14	10/7	10/13
2008	MQDFZ01A00_01	甘蒙柽柳	4/18	4/30	5/10	6/13	7/11	9/23	10/14
2008	MQDFZ01A00_01	沙木蓼	4/8	4/23	5/9	5/22	6/13	9/11	9/26
2008	MQDFZ01A00_01	蒙古沙拐枣	4/23	5/8	5/16	5/29	7/23	10/13	10/15
2008	MQDFZ01A00_01	唐古特白刺	4/15	4/25	5/8	6/3	7/29	9/24	10/30
2008	MQDFZ01A00_01	膜果麻黄	4/10	4/29	4/27	5/25	7/9	10/10	9/20
2008	MQDFZ01A00_01	沙蒿	3/20	4/13	7/19	8/19	10/10	9/22	10/6
2008	MQDFZ01A00_01	沙枣	3/29	4/15	5/8	5/25	9/16	10/19	10/20
2008	MQDFZ01A00_01	中麻黄	4/14	4/27	5/7	5/29	6/19	10/10	10/18
2008	MQDFZ01A00_01	梭梭	4/6	4/27	4/20	5/14	10/15	10/13	10/20
2008	MQDFZ01A00_01	沙棘	3/20	4/25	4/23	5/10		10/10	10/20
2008	MQDFZ01A00_01	杨柴	4/8	4/23	6/3	6/15	8/27	10/2	10/10
2008	MQDFZ01A00_01	花棒	4/16	4/30	6/9	8/1	9/15	10/16	10/17
2009	MQDFZ01A00_01	连翘	3/15	4/17	3/19	4/18	5/2	10/11	10/15
2009	MQDFZ01A00_01	银露梅	4/5	4/14	5/26	6/8	6/17	10/7	10/17
2009	MQDFZ01A00_01	榆叶梅	3/24	4/9	3/31	4/17	5/24	9/27	10/12
2009	MQDFZ01A00_01	沙冬青	3/15	4/15	4/3	4/23	7/10		
2009	MQDFZ01A00_01	文冠果	3/24	4/20	4/12	4/29	8/10	10/13	10/21
2009	MQDFZ01A00_01	蒙古扁桃	3/17	4/12	3/19	4/10	7/2	9/18	9/20
2009	MQDFZ01A00_01	紫丁香	3/13	4/8	4/9	4/23	9/5	10/1	10/7

（续）

年份	样地代码	植物种名	出芽期（月/日）	展叶期（月/日）	首花期（月/日）	盛花期（月/日）	结果期（月/日）	秋季叶变色期（月/日）	落叶期（月/日）
2009	MQDFZ01A00 _ 01	杠柳	4/9	4/23	5/10	6/9	7/23	9/11	9/11
2009	MQDFZ01A00 _ 01	霸王	4/13	5/4	4/23	5/15	7/11	9/26	10/7
2009	MQDFZ01A00 _ 01	柠条锦鸡儿	3/24	4/15	4/23	5/18	7/13	10/3	10/9
2009	MQDFZ01A00 _ 01	中间锦鸡儿	4/8	4/18	4/11	5/5	7/3	10/7	10/9
2009	MQDFZ01A00 _ 01	长穗柽柳	4/17	4/23	4/20	6/4		9/19	10/7
2009	MQDFZ01A00 _ 01	多枝柽柳	4/21	5/1	4/28	5/23	6/15	10/4	10/11
2009	MQDFZ01A00 _ 01	甘蒙柽柳	4/16	5/3	4/25	6/10	7/13	9/21	10/10
2009	MQDFZ01A00 _ 01	沙木蓼	4/5	4/23	4/27	5/17	6/10	9/13	9/27
2009	MQDFZ01A00 _ 01	蒙古沙拐枣	4/5	5/2	5/13	5/30	7/25	10/11	10/13
2009	MQDFZ01A00 _ 01	唐古特白刺	4/10	4/20	5/4	5/30	7/30	9/23	10/27
2009	MQDFZ01A00 _ 01	膜果麻黄	4/15	5/1	4/17	5/17	7/11	10/11	9/17
2009	MQDFZ01A00 _ 01	沙蒿	3/13	4/8	7/13	8/18	10/8	9/21	10/5
2009	MQDFZ01A00 _ 01	沙枣	3/22	4/15	5/6	5/23	9/13	10/16	10/22
2009	MQDFZ01A00 _ 01	中麻黄	4/9	4/24	4/30	5/25	6/21	10/7	10/20
2009	MQDFZ01A00 _ 01	梭梭	4/2	4/17	4/12	5/27	10/13	10/9	10/22
2009	MQDFZ01A00 _ 01	沙棘	3/21	4/17	4/20	5/6		10/11	10/20
2009	MQDFZ01A00 _ 01	杨柴	4/3	4/20	5/29	6/12	8/29	10/5	10/12
2009	MQDFZ01A00 _ 01	花棒	4/9	4/20	6/5	7/27	9/16	10/15	10/16
2010	MQDFZ01A00 _ 01	连翘	3/19	4/27	4/4	4/23	6/26	10/5	10/18
2010	MQDFZ01A00 _ 01	银露梅	4/14	4/21	5/27	6/23	8/24	10/6	10/28
2010	MQDFZ01A00 _ 01	榆叶梅	4/18	4/28	4/6	4/22	6/5	10/8	10/14
2010	MQDFZ01A00 _ 01	沙冬青	4/7	5/1	4/30	5/12	6/20	10/8	10/28
2010	MQDFZ01A00 _ 01	文冠果	4/11	5/3	4/30	5/12	8/26	9/18	9/30
2010	MQDFZ01A00 _ 01	蒙古扁桃	3/27	5/1	3/28	4/12	5/22	9/24	9/28
2010	MQDFZ01A00 _ 01	紫丁香	3/16	4/29	4/3	5/10	7/30	10/4	10/12
2010	MQDFZ01A00 _ 01	杠柳	4/26	5/4	5/20	6/6	7/22	9/21	10/28
2010	MQDFZ01A00 _ 01	霸王	4/15	5/2	4/28	5/14	6/29	9/12	9/30
2010	MQDFZ01A00 _ 01	柠条锦鸡儿	3/30	4/26	4/25	5/16	6/25	10/5	10/8
2010	MQDFZ01A00 _ 01	中间锦鸡儿	4/4	4/28	4/29	5/14	6/27	10/5	10/15
2010	MQDFZ01A00 _ 01	长穗柽柳	4/5	4/29	5/2	6/16	6/22	10/4	10/16
2010	MQDFZ01A00 _ 01	多枝柽柳	4/9	4/27	5/2	6/30	6/24	10/6	10/12
2010	MQDFZ01A00 _ 01	甘蒙柽柳	4/5	4/29	4/28	6/26	6/10	10/8	10/18

（续）

年份	样地代码	植物种名	出芽期（月/日）	展叶期（月/日）	首花期（月/日）	盛花期（月/日）	结果期（月/日）	秋季叶变色期（月/日）	落叶期（月/日）
2010	MQDFZ01A00_01	沙木蓼	4/2	5/5	5/24	7/2	7/28	9/25	10/6
2010	MQDFZ01A00_01	蒙古沙拐枣	4/21	5/7	4/26	5/27	8/20	10/7	10/13
2010	MQDFZ01A00_01	唐古特白刺	4/13	4/19	4/6	6/11	6/5	9/18	10/25
2010	MQDFZ01A00_01	膜果麻黄	4/17	4/23	5/7	5/23	6/28	9/17	10/19
2010	MQDFZ01A00_01	沙蒿	3/16	3/31	7/20	8/12	9/7	10/8	10/28
2010	MQDFZ01A00_01	沙枣	4/14	5/2	5/17	6/8	9/8	10/26	10/30
2010	MQDFZ01A00_01	中麻黄	4/28	5/5	5/9	5/23	6/28	10/6	10/12
2010	MQDFZ01A00_01	梭梭	4/25	5/14	5/18	6/6	8/22	9/26	10/8
2010	MQDFZ01A00_01	沙棘	3/26	4/22	5/20	7/5	8/16	10/9	10/30
2010	MQDFZ01A00_01	杨柴	4/19	5/14	6/18	7/9	8/22	10/5	10/18
2010	MQDFZ01A00_01	花棒							
2011	MQDFZ01A00_01	连翘	4/10	4/23	4/22	4/27	5/11	10/18	10/30
2011	MQDFZ01A00_01	银露梅	4/10	4/20	5/22	6/11	7/24	10/11	11/3
2011	MQDFZ01A00_01	榆叶梅	4/17	4/28	4/20	4/28	7/3	10/25	10/29
2011	MQDFZ01A00_01	沙冬青	4/15	5/4	4/21	4/26	7/2		
2011	MQDFZ01A00_01	文冠果	4/15	4/30	5/2	5/12	7/4	9/10	7/10
2011	MQDFZ01A00_01	蒙古扁桃	3/24	4/20	4/6	4/10	6/6	8/23	9/16
2011	MQDFZ01A00_01	紫丁香	4/14	4/21	4/22	4/26	9/5	10/20	10/25
2011	MQDFZ01A00_01	杠柳	4/6	5/1	5/28	6/8	7/11	9/28	10/23
2011	MQDFZ01A00_01	霸王	4/12	4/27	5/2	5/12	6/25	10/14	10/21
2011	MQDFZ01A00_01	柠条锦鸡儿	4/19	5/2	5/2	5/15	6/13	9/26	10/3
2011	MQDFZ01A00_01	中间锦鸡儿	4/22	5/3	5/3	5/18	6/14	10/2	10/7
2011	MQDFZ01A00_01	长穗柽柳	4/20	5/2	5/6	7/22	6/20	9/25	10/26
2011	MQDFZ01A00_01	多枝柽柳	4/21	5/2	5/17	7/24	6/23	9/28	10/20
2011	MQDFZ01A00_01	甘蒙柽柳	4/22	4/28	5/23	7/29	6/10	9/30	10/26
2011	MQDFZ01A00_01	沙木蓼	4/20	5/2	5/8	8/26	8/3	9/22	10/4
2011	MQDFZ01A00_01	蒙古沙拐枣	4/11	4/20	5/24	6/2	7/18	9/26	10/12
2011	MQDFZ01A00_01	唐古特白刺	4/13	4/20	5/26	6/4	7/20	10/17	10/20
2011	MQDFZ01A00_01	膜果麻黄	4/20	4/26	5/22	5/28	7/16	10/3	10/22
2011	MQDFZ01A00_01	沙蒿	3/24	4/15	7/17	7/28	9/28	10/16	10/26
2011	MQDFZ01A00_01	沙枣	4/16	4/22	5/22	6/4	8/24	10/30	10/19
2011	MQDFZ01A00_01	中麻黄	4/19	5/2	5/3	5/13	7/19	10/12	10/22

（续）

年份	样地代码	植物种名	出芽期（月/日）	展叶期（月/日）	首花期（月/日）	盛花期（月/日）	结果期（月/日）	秋季叶变色期（月/日）	落叶期（月/日）
2011	MQDFZ01A00 _ 01	梭梭	4/17	4/21	5/9	5/18	10/5	10/5	10/12
2011	MQDFZ01A00 _ 01	沙棘	4/19	4/26	6/24	6/28	8/18	10/20	10/27
2011	MQDFZ01A00 _ 01	杨柴	4/17	4/28	7/13	9/15	9/18	9/12	10/22
2011	MQDFZ01A00 _ 01	花棒	4/20	5/2	6/28	8/14	8/20	11/5	10/26
2012	MQDFZ01A00 _ 01	连翘	4/1	4/7	4/13	4/23	5/20	9/27	10/16
2012	MQDFZ01A00 _ 01	银露梅	4/13	4/18	5/28	6/12	7/30	9/28	10/26
2012	MQDFZ01A00 _ 01	榆叶梅	4/11	4/29	4/13	4/23	5/28	9/25	10/12
2012	MQDFZ01A00 _ 01	沙冬青	4/3	5/12	4/16	4/28	6/25	10/16	
2012	MQDFZ01A00 _ 01	文冠果	4/17	4/22	5/1	5/10	6/25	9/20	9/22
2012	MQDFZ01A00 _ 01	蒙古扁桃	4/9	4/16	4/6	4/14	7/3	8/30	9/26
2012	MQDFZ01A00 _ 01	紫丁香	4/13	4/25	4/15	4/24	6/24		10/9
2012	MQDFZ01A00 _ 01	杠柳	4/28	5/4	5/24	5/30	7/10	10/10	10/15
2012	MQDFZ01A00 _ 01	霸王	4/12	4/19	4/25	5/5	6/25	8/30	9/23
2012	MQDFZ01A00 _ 01	柠条锦鸡儿	4/15	4/29	5/2	5/10	7/5	10/8	10/6
2012	MQDFZ01A00 _ 01	中间锦鸡儿	4/16	4/23	4/30	5/16	7/1	10/10	10/15
2012	MQDFZ01A00 _ 01	长穗柽柳	4/12	4/26	5/28	6/16	6/18	9/24	10/6
2012	MQDFZ01A00 _ 01	多枝柽柳	5/2	5/11	5/18	6/3	6/26	10/8	10/14
2012	MQDFZ01A00 _ 01	甘蒙柽柳	4/23	5/13	5/28	6/18	6/30	9/27	10/7
2012	MQDFZ01A00 _ 01	沙木蓼	4/13	4/23	5/12	6/18	8/30	9/12	10/18
2012	MQDFZ01A00 _ 01	蒙古沙拐枣	4/28	5/3	5/26	5/31	7/15	9/24	10/4
2012	MQDFZ01A00 _ 01	唐古特白刺	4/27	5/3	5/24	5/28	7/4	9/30	10/8
2012	MQDFZ01A00 _ 01	膜果麻黄	5/2	5/7	5/9	5/17	7/10		
2012	MQDFZ01A00 _ 01	沙蒿	3/24	4/12	7/30	8/5	10/25	9/23	10/12
2012	MQDFZ01A00 _ 01	沙枣	4/4	4/13	5/21	5/30	7/18	10/16	10/30
2012	MQDFZ01A00 _ 01	中麻黄	4/30	5/9	5/8	5/12	6/20	10/5	
2012	MQDFZ01A00 _ 01	梭梭	4/18	4/27	5/3	5/12	10/15	8/22	10/10
2012	MQDFZ01A00 _ 01	沙棘	3/30	4/19	6/5	6/14	7/7	10/13	10/28
2012	MQDFZ01A00 _ 01	杨柴	4/16	4/22	6/16	6/19	8/22	9/22	10/15
2012	MQDFZ01A00 _ 01	花棒	4/20	4/27	6/13	6/21	8/30	9/24	10/17
2013	MQDFZ01A00 _ 01	连翘	3/8	4/11	4/11	4/16	5/6	9/26	10/9
2013	MQDFZ01A00 _ 01	银露梅	4/6	4/10	5/28	7/26	7/3	10/28	11/5
2013	MQDFZ01A00 _ 01	榆叶梅	3/17	4/11	4/14	4/23	7/5	9/24	9/28

（续）

年份	样地代码	植物种名	出芽期 （月/日）	展叶期 （月/日）	首花期 （月/日）	盛花期 （月/日）	结果期 （月/日）	秋季叶变色期 （月/日）	落叶期 （月/日）
2013	MQDFZ01A00＿01	沙冬青	3/14	4/22	4/22	4/29	6/3		
2013	MQDFZ01A00＿01	文冠果	4/4	4/19	4/25	5/8	8/3	9/15	9/18
2013	MQDFZ01A00＿01	蒙古扁桃	3/24	4/13	3/26	4/5	6/22	9/20	10/3
2013	MQDFZ01A00＿01	紫丁香	3/11	3/27	4/3	4/13	5/7	9/28	10/11
2013	MQDFZ01A00＿01	杠柳	3/27	4/10	5/17	5/28	7/26	9/18	10/11
2013	MQDFZ01A00＿01	霸王	4/7	4/24	4/30	5/7	5/18	9/16	9/24
2013	MQDFZ01A00＿01	柠条锦鸡儿	3/24	4/22	4/25	5/8	5/27	10/7	10/13
2013	MQDFZ01A00＿01	中间锦鸡儿	3/22	4/20	4/27	5/3	5/17	10/15	10/18
2013	MQDFZ01A00＿01	长穗柽柳	4/6	4/16	4/23	4/30	5/20	9/17	9/23
2013	MQDFZ01A00＿01	多枝柽柳	4/7	4/15	4/25	5/2	5/19	9/20	9/26
2013	MQDFZ01A00＿01	甘蒙柽柳	4/20	5/3	5/8	5/13	6/7	9/19	10/1
2013	MQDFZ01A00＿01	沙木蓼	4/11	4/19	5/18	5/28	6/22	9/28	10/18
2013	MQDFZ01A00＿01	蒙古沙拐枣	4/17	5/16	5/4	5/16	6/8	10/7	10/11
2013	MQDFZ01A00＿01	唐古特白刺	4/22	5/3	5/30	6/8	7/4	10/17	10/21
2013	MQDFZ01A00＿01	膜果麻黄	4/2	4/14	5/5	5/9	6/9	8/30	
2013	MQDFZ01A00＿01	沙蒿	3/20	4/11	7/18	9/2	8/13	10/11	10/22
2013	MQDFZ01A00＿01	沙枣	3/13	2/13	5/8	5/24	9/1	10/28	10/28
2013	MQDFZ01A00＿01	中麻黄	4/3	4/11	5/8	5/13	6/25	10/19	10/28
2013	MQDFZ01A00＿01	梭梭	4/17	4/23	4/29	5/7	9/1	9/24	10/7
2013	MQDFZ01A00＿01	沙棘	3/16	4/2	6/13	6/17	7/23	9/29	10/15
2013	MQDFZ01A00＿01	杨柴	4/3	4/14	7/27	8/2	8/26	9/25	10/9
2013	MQDFZ01A00＿01	花棒	4/6	4/20	7/23	9/2	8/22	9/17	10/11
2014	MQDFZ01A00＿01	连翘	3/23	4/8	5/20	6/6	6/4	9/25	10/21
2014	MQDFZ01A00＿01	银露梅	4/8	4/15	4/3	4/7	6/28	9/8	9/11
2014	MQDFZ01A00＿01	榆叶梅	4/28	5/4	5/21	5/27	6/7	9/22	10/11
2014	MQDFZ01A00＿01	沙冬青	4/27	5/3	4/12	4/22	6/15	10/3	
2014	MQDFZ01A00＿01	文冠果	4/20	5/3	4/27	5/8	6/28	9/20	9/15
2014	MQDFZ01A00＿01	蒙古扁桃	4/4	4/14	3/26	3/29	6/19	9/25	9/28
2014	MQDFZ01A00＿01	紫丁香	3/18	4/25	4/11	4/26	5/16	9/18	10/3
2014	MQDFZ01A00＿01	杠柳	4/9	4/14	5/23	5/29	7/28	9/10	9/23
2014	MQDFZ01A00＿01	霸王	4/10	4/18	4/23	4/30	6/18	8/22	9/18
2014	MQDFZ01A00＿01	柠条锦鸡儿	4/6	4/17	4/22	5/7	6/18	10/15	10/19

（续）

年份	样地代码	植物种名	出芽期 （月/日）	展叶期 （月/日）	首花期 （月/日）	盛花期 （月/日）	结果期 （月/日）	秋季叶变色期 （月/日）	落叶期 （月/日）
2014	MQDFZ01A00_01	中间锦鸡儿	4/5	4/14	5/2	5/9	6/19	10/12	10/18
2014	MQDFZ01A00_01	长穗柽柳	4/6	4/10	5/3	6/18	6/19	9/20	9/24
2014	MQDFZ01A00_01	多枝柽柳	4/7	4/12	5/8	5/12	6/24	9/17	9/18
2014	MQDFZ01A00_01	甘蒙柽柳	4/14	4/20	5/12	6/18	7/13	9/19	9/23
2014	MQDFZ01A00_01	沙木蓼	4/19	4/25	5/9	5/28	6/21	9/15	9/19
2014	MQDFZ01A00_01	蒙古沙拐枣	4/9	4/15	4/18	5/3	8/28	9/27	10/5
2014	MQDFZ01A00_01	唐古特白刺	3/29	4/8	6/6	6/18	7/21	10/26	10/24
2014	MQDFZ01A00_01	膜果麻黄	4/23	4/30	4/22	5/8	6/17	10/7	
2014	MQDFZ01A00_01	沙蒿	3/18	4/5	5/14	5/23	7/17	8/25	9/13
2014	MQDFZ01A00_01	沙枣	2/26	2/26	2/26	2/26	7/2	2/26	2/26
2014	MQDFZ01A00_01	中麻黄	4/19	4/26	5/3	5/16	7/17	10/19	
2014	MQDFZ01A00_01	梭梭	4/19	4/28	5/3	5/7	10/8	9/23	9/26
2014	MQDFZ01A00_01	沙棘	4/3	4/21	5/24	5/28	7/22	9/28	10/9
2014	MQDFZ01A00_01	杨柴	4/4	4/20	6/6	7/15	9/15	9/30	10/7
2014	MQDFZ01A00_01	花棒	4/6	4/21	6/13	6/19	8/18	9/27	10/11
2015	MQDFZ01A00_01	连翘	3/28	4/11	4/12	4/27	7/19	10/13	10/19
2015	MQDFZ01A00_01	银露梅	4/7	4/17	5/25	8/4	7/11	10/8	10/22
2015	MQDFZ01A00_01	榆叶梅	3/18	4/17	4/3	4/15	6/12	9/27	10/12
2015	MQDFZ01A00_01	沙冬青	3/28	5/18	4/17	4/21	7/9	10/5	
2015	MQDFZ01A00_01	文冠果	4/9	4/19	4/28	5/6	7/16	9/11	9/26
2015	MQDFZ01A00_01	蒙古扁桃	3/22	4/6	4/1	4/8	6/6	10/17	10/23
2015	MQDFZ01A00_01	紫丁香	3/27	4/19	4/13	4/19	7/20	10/11	10/23
2015	MQDFZ01A00_01	杠柳	4/19	4/26	6/6	6/24	7/20	10/6	10/11
2015	MQDFZ01A00_01	霸王	3/29	4/19	5/2	5/7	6/14	10/2	10/10
2015	MQDFZ01A00_01	柠条锦鸡儿	3/29	4/19	4/29	5/8	6/22	10/8	10/14
2015	MQDFZ01A00_01	中间锦鸡儿	3/25	4/16	4/27	5/3	6/24	10/13	10/19
2015	MQDFZ01A00_01	长穗柽柳	4/9	4/23	5/3	5/29	5/26	9/23	10/13
2015	MQDFZ01A00_01	多枝柽柳	4/3	4/16	5/30	6/18	6/27	9/21	10/14
2015	MQDFZ01A00_01	甘蒙柽柳	4/5	4/18	6/2	6/13	6/30	9/25	10/13
2015	MQDFZ01A00_01	沙木蓼	4/16	4/27	5/22	5/30	6/20	10/2	10/12
2015	MQDFZ01A00_01	蒙古沙拐枣	4/13	4/22	4/28	5/25	7/26	10/1	10/13
2015	MQDFZ01A00_01	唐古特白刺	4/3	4/15	5/10	5/28	8/8	10/16	10/21

（续）

年份	样地代码	植物种名	出芽期（月/日）	展叶期（月/日）	首花期（月/日）	盛花期（月/日）	结果期（月/日）	秋季叶变色期（月/日）	落叶期（月/日）
2015	MQDFZ01A00_01	膜果麻黄	4/13	4/27	5/10	5/17	6/26	10/4	
2015	MQDFZ01A00_01	沙蒿	3/28	4/18	5/25	6/4	7/23	8/27	9/13
2015	MQDFZ01A00_01	沙枣	3/24	4/21	5/10	5/18	7/11	10/21	10/24
2015	MQDFZ01A00_01	中麻黄	4/12	4/22	5/11	5/18	6/30	9/18	
2015	MQDFZ01A00_01	梭梭	4/19	4/30	5/3	5/9	10/11	9/23	9/25
2015	MQDFZ01A00_01	沙棘	3/27	4/12	6/2	6/13	8/16	9/28	10/3
2015	MQDFZ01A00_01	杨柴	5/10	5/22	6/17	8/10	9/18	9/23	10/9
2015	MQDFZ01A00_01	花棒	5/7	5/20	6/14	8/16	8/23	9/25	10/7

表 3-6　荒漠植物草本物候数据

年份	样地代码	植物种名	萌芽期（月/日）	开花期（月/日）	结实期（月/日）	种子散布期（月/日）	枯黄期（月/日）
2007	MQDZH01ABC_01	聚合草	4/11	6/14	8/14	9/25	9/30
2007	MQDZH02ABC_01	萱草	3/24	6/13	8/28	9/21	9/27
2007	MQDZH03ABC_01	串叶松香草	4/3	6/18	9/8	10/2	10/13
2007	MQDZH04ABC_01	马莲	3/23	5/4	8/4	8/20	9/14
2007	MQDZH05ABC_01	石竹	4/4	5/28	8/10	8/30	9/29
2007	MQDZH06ABC_01	射干	3/29	5/28	9/24	10/10	10/5
2007	MQDZH07ABC_01	甜甘草	4/18	5/28	7/13		10/16
2007	MQDZH08ABC_01	沙打旺	4/11	7/28	9/12	10/25	10/15
2007	MQDZH09ABC_01	芦草	4/11	8/28	10/9	10/30	10/6
2007	MQDZH10ABC_01	紫花苜蓿	3/16	6/10	8/14	9/19	10/12
2007	MQDZH11ABC_01	苦豆子	4/24	6/8	8/2		10/19
2007	MQDZH12ABC_01	沙地旋复花	4/26	6/7	7/31		10/7
2007	MQDZH13ABC_01	披针叶黄花	4/28	5/15	8/8	10/10	9/30
2007	MQDZH14ABC_01	黄花矾松	3/24	6/15	9/15	10/17	10/23
2007	MQDZH15ABC_01	冰草					
2007	MQDZH16ABC_01	腺独行菜					
2008	MQDZH01ABC_01	聚合草	4/8	6/5	8/20	9/23	9/30
2008	MQDZH02ABC_01	萱草	3/25	6/6	9/1	9/22	9/28
2008	MQDZH03ABC_01	串叶松香草	3/31	5/21	9/3	10/5	10/13
2008	MQDZH04ABC_01	马莲	3/30	4/29	8/5	8/27	9/15
2008	MQDZH05ABC_01	石竹	4/8	5/22	8/11	8/29	9/28
2008	MQDZH06ABC_01	射干	3/27	5/13	9/19	10/9	10/7

（续）

年份	样地代码	植物种名	萌芽期（月/日）	开花期（月/日）	结实期（月/日）	种子散布期（月/日）	枯黄期（月/日）
2008	MQDZH07ABC＿01	甜甘草	4/15	5/16	7/20		10/19
2008	MQDZH08ABC＿01	沙打旺	4/6	7/21	9/17	10/23	10/17
2008	MQDZH09ABC＿01	芦草	4/7	7/19	10/10	10/29	10/8
2008	MQDZH10ABC＿01	紫花苜蓿	3/20	6/1	8/22	9/20	10/10
2008	MQDZH11ABC＿01	苦豆子	4/23	5/23	8/5		10/20
2008	MQDZH12ABC＿01	沙地旋复花	4/23	5/16	8/2		10/7
2008	MQDZH13ABC＿01	披针叶黄花	4/30	5/11	8/11	10/11	9/29
2008	MQDZH14ABC＿01	黄花矶松	3/26	6/9	9/13	10/19	10/23
2008	MQDZH15ABC＿01	冰草					
2008	MQDZH16ABC＿01	腺独行菜					
2009	MQDZH01ABC＿01	聚合草	3/31	5/28	8/17	9/21	10/2
2009	MQDZH02ABC＿01	萱草	3/20	5/29	8/29	9/24	9/30
2009	MQDZH03ABC＿01	串叶松香草	4/3	5/17	9/6	10/9	10/16
2009	MQDZH04ABC＿01	马莲	3/27	4/28	8/3	8/29	9/17
2009	MQDZH05ABC＿01	石竹	4/4	5/17	8/8	8/25	10/1
2009	MQDZH06ABC＿01	射于	3/24	5/10	9/18	10/10	10/10
2009	MQDZH07ABC＿01	甜甘草	4/20	5/10	7/17		10/15
2009	MQDZH08ABC＿01	沙打旺	4/3	7/17	9/20	10/22	10/19
2009	MQDZH09ABC＿01	芦草	4/10	7/15	10/8	10/31	10/7
2009	MQDZH10ABC＿01	紫花苜蓿	3/24	5/27	8/19	9/23	10/12
2009	MQDZH11ABC＿01	苦豆子	4/20	5/19	8/3		10/23
2009	MQDZH12ABC＿01	沙地旋复花	4/20	5/14	8/5	10/18	10/10
2009	MQDZH13ABC＿01	披针叶黄花	4/24	4/26	8/7	10/13	9/30
2009	MQDZH14ABC＿01	黄花矶松	3/21	6/2	9/11	10/21	10/25
2009	MQDZH15ABC＿01	冰草					
2009	MQDZH16ABC＿01	腺独行菜					
2010	MQDZH01ABC＿01	聚合草	4/11	6/10	7/22	9/7	10/12
2010	MQDZH02ABC＿01	萱草	8/10	6/21	8/17	9/11	9/21
2010	MQDZH03ABC＿01	串叶松香草	4/4	7/21	8/20	9/24	10/11
2010	MQDZH04ABC＿01	马莲	4/15	5/17	6/16	8/3	9/15
2010	MQDZH05ABC＿01	石竹	4/5	6/8	8/2	9/5	9/20
2010	MQDZH06ABC＿01	射于	4/13	7/19	8/19	9/17	9/22

（续）

年份	样地代码	植物种名	萌芽期（月/日）	开花期（月/日）	结实期（月/日）	种子散布期（月/日）	枯黄期（月/日）
2010	MQDZH07ABC_01	甜甘草	4/30	6/1	7/16	9/5	9/23
2010	MQDZH08ABC_01	沙打旺	4/26	9/1	10/10	10/30	10/15
2010	MQDZH09ABC_01	芦草	5/10	7/29	9/6	11/7	9/20
2010	MQDZH10ABC_01	紫花苜蓿	4/7	5/21	8/22	9/16	9/24
2010	MQDZH11ABC_01	苦豆子	4/12	6/3	7/27	9/28	9/15
2010	MQDZH12ABC_01	沙地旋复花	4/13	6/17	8/23	9/4	9/26
2010	MQDZH13ABC_01	披针叶黄花	4/7	5/26	7/28	8/28	10/18
2010	MQDZH14ABC_01	黄花矾松	3/26	6/8	7/12	8/25	9/27
2010	MQDZH15ABC_01	冰草					
2010	MQDZH16ABC_01	腺独行菜					
2011	MQDZH01ABC_01	聚合草	4/18	5/23	8/5	9/7	10/13
2011	MQDZH02ABC_01	萱草	4/14	6/18	7/28	9/2	9/23
2011	MQDZH03ABC_01	串叶松香草	4/8	6/28	9/18	10/20	10/7
2011	MQDZH04ABC_01	马莲	4/19	5/3	7/17	8/12	9/23
2011	MQDZH05ABC_01	石竹	4/25	5/23	7/17	9/4	9/12
2011	MQDZH06ABC_01	射于	4/26	7/6	9/4	9/27	9/22
2011	MQDZH07ABC_01	甜甘草	4/26	5/23	7/19	9/28	9/16
2011	MQDZH08ABC_01	沙打旺	4/28	8/3	9/28	10/30	10/13
2011	MQDZH09ABC_01	芦草	5/5	7/17	9/23	10/20	9/28
2011	MQDZH10ABC_01	紫花苜蓿	4/8	5/22	7/3	8/18	9/22
2011	MQDZH11ABC_01	苦豆子	4/25	5/19	7/18		9/20
2011	MQDZH12ABC_01	沙地旋复花	5/3	5/21	7/11	8/25	9/21
2011	MQDZH13ABC_01	披针叶黄花	5/11	5/16	7/20	8/10	10/26
2011	MQDZH14ABC_01	黄花矾松	4/2	5/18	8/7		10/31
2011	MQDZH15ABC_01	冰草					
2011	MQDZH16ABC_01	腺独行菜					
2012	MQDZH01ABC_01	聚合草	4/20	5/15	7/20	8/25	9/30
2012	MQDZH02ABC_01	萱草	4/25	6/28	7/26	8/26	9/28
2012	MQDZH03ABC_01	串叶松香草	4/16	6/28	9/20	10/16	10/18
2012	MQDZH04ABC_01	马莲	4/10	5/6	7/14	7/28	8/26
2012	MQDZH05ABC_01	石竹					
2012	MQDZH06ABC_01	射于	4/29	6/30	9/15	10/13	10/8

（续）

年份	样地代码	植物种名	萌芽期（月/日）	开花期（月/日）	结实期（月/日）	种子散布期（月/日）	枯黄期（月/日）
2012	MQDZH07ABC_01	甜甘草	4/28	5/16	8/5		10/5
2012	MQDZH08ABC_01	沙打旺	4/10	6/4	10/7	11/4	10/18
2012	MQDZH09ABC_01	芦草	5/2	7/4	9/24	10/20	10/4
2012	MQDZH10ABC_01	紫花苜蓿	4/11	5/3	7/1	7/23	10/22
2012	MQDZH11ABC_01	苦豆子	4/27	5/14	7/4		9/26
2012	MQDZH12ABC_01	沙地旋复花	4/27	5/19	7/3	7/18	8/30
2012	MQDZH13ABC_01	披针叶黄花	4/27	5/4	7/21	9/7	9/20
2012	MQDZH14ABC_01	黄花矶松	3/22	4/25	7/13		8/20
2012	MQDZH15ABC_01	冰草	3/23	5/28	8/13	10/20	10/16
2012	MQDZH16ABC_01	腺独行菜	3/25	4/20	6/7	6/15	8/25
2013	MQDZH01ABC_01	聚合草	4/5	5/8	7/16	8/4	9/20
2013	MQDZH02ABC_01	萱草	4/17	5/28	7/6	7/30	8/24
2013	MQDZH03ABC_01	串叶松香草	4/3	6/9	8/6	10/23	10/17
2013	MQDZH04ABC_01	马莲	4/1	4/26	8/15	9/13	9/26
2013	MQDZH05ABC_01	石竹	4/21	5/5	6/22	7/12	9/26
2013	MQDZH06ABC_01	射干	4/7	7/12	8/16	9/24	8/22
2013	MQDZH07ABC_01	甜甘草	5/2	5/20	6/30		9/24
2013	MQDZH08ABC_01	沙打旺	4/9	7/26	7/26	10/13	9/13
2013	MQDZH09ABC_01	芦草	4/8	7/30	9/30	10/27	9/21
2013	MQDZH10ABC_01	紫花苜蓿	4/2	4/30	7/2		9/23
2013	MQDZH11ABC_01	苦豆子	4/20	5/4	7/3		10/18
2013	MQDZH12ABC_01	沙地旋复花	4/10	5/19	6/18	7/15	8/25
2013	MQDZH13ABC_01	披针叶黄花	4/24	5/18	7/12	8/17	8/22
2013	MQDZH14ABC_01	黄花矶松	4/8	4/21	7/11		9/23
2013	MQDZH15ABC_01	冰草	4/1	5/23	6/20	8/16	11/3
2013	MQDZH16ABC_01	腺独行菜	3/10	3/29	6/6	6/28	8/19
2014	MQDZH01ABC_01	聚合草	4/14	6/26	8/11	9/30	9/20
2014	MQDZH02ABC_01	萱草	5/4	6/2	8/4	8/23	9/8
2014	MQDZH03ABC_01	串叶松香草	4/8	6/4	9/10	10/8	10/15
2014	MQDZH04ABC_01	马莲	3/29	5/1	6/24	8/8	8/24
2014	MQDZH05ABC_01	石竹	5/3	6/3	7/22	8/4	8/14
2014	MQDZH06ABC_01	射干	4/30	7/2	9/11	9/24	9/15

（续）

年份	样地代码	植物种名	萌芽期 （月/日）	开花期 （月/日）	结实期 （月/日）	种子散布期 （月/日）	枯黄期 （月/日）
2014	MQDZH07ABC_01	甜甘草	4/17	5/6	8/13		9/4
2014	MQDZH08ABC_01	沙打旺	4/17	8/26	9/24	11/4	10/28
2014	MQDZH09ABC_01	芦草	4/22	6/1	9/17	10/8	10/14
2014	MQDZH10ABC_01	紫花苜蓿	4/10	5/7	7/30	8/15	9/23
2014	MQDZH11ABC_01	苦豆子	4/19	4/27	6/15		9/21
2014	MQDZH12ABC_01	沙地旋复花	4/26	5/16	6/28	7/23	8/24
2014	MQDZH13ABC_01	披针叶黄花	5/2	5/8	7/7	8/10	9/28
2014	MQDZH14ABC_01	黄花矾松	4/6	5/22	7/12		7/8
2014	MQDZH15ABC_01	冰草	4/7	6/1	9/15	10/14	8/16
2014	MQDZH16ABC_01	腺独行菜	3/18	4/28	6/13	6/27	7/23
2015	MQDZH01ABC_01	聚合草	4/4	5/13	6/8	7/29	9/17
2015	MQDZH02ABC_01	萱草	4/19	6/18	7/28	8/23	8/16
2015	MQDZH03ABC_01	串叶松香草	4/3	5/11	6/17	8/28	9/23
2015	MQDZH04ABC_01	马莲	4/27	5/16	6/26	10/3	8/23
2015	MQDZH05ABC_01	石竹	4/11	5/3	6/14	7/13	8/11
2015	MQDZH06ABC_01	射干	5/16	7/7	9/4	10/28	10/3
2015	MQDZH07ABC_01	甜甘草	5/7	5/17	7/17		10/8
2015	MQDZH08ABC_01	沙打旺	5/3	7/28	7/21	8/8	9/29
2015	MQDZH09ABC_01	芦草	5/7	8/2	9/17	10/11	10/11
2015	MQDZH10ABC_01	紫花苜蓿	4/5	5/24	7/18	8/20	9/6
2015	MQDZH11ABC_01	苦豆子	4/25	5/12	7/4		9/7
2015	MQDZH12ABC_01	沙地旋复花	4/19	5/21	6/28	8/17	8/21
2015	MQDZH13ABC_01	披针叶黄花	5/9	5/20	7/3	8/6	8/13
2015	MQDZH14ABC_01	黄花矾松	3/21	4/11	7/2		8/22
2015	MQDZH15ABC_01	冰草	4/17	6/3	7/13	10/7	9/22
2015	MQDZH16ABC_01	腺独行菜	3/23	4/14	5/12	5/30	7/2

3.1.3 观测样地荒漠植物名录

（1）概述

本名录中植物种为民勤站选择的 6 块永久性观测样地（梭梭林综合观测样地、红柳综合观测样地、沙拐枣综合观测样地、白刺综合观测样地、沙蒿综合观测样地、麻黄综合观测样地）的主要植物。在调查的 54 个样方中，灌木层植物 11 种，隶属 6 科 10 属；草本层植物 16 种，隶属 6 科 16 属。主要为唐古特白刺、梭梭、内蒙沙拐枣、细枝岩黄芪、沙蒿、多枝柽柳、红砂、柠条锦鸡儿等；草本植物包括：沙蓬、雾冰藜、刺沙蓬、黄花补血草、盐生草、苦豆子、芦苇、沙芥、砂蓝刺头、盐生草。建群种主要为灌木，代表种名有唐古特白刺、梭梭、蒙古沙拐枣等，沙蓬、雾冰藜、刺沙蓬等草本是本区的优势种，盐生草、苦豆子等伴生在丘间低地（表3-7）。

（2）荒漠植物名录

荒漠植物名录见表3-7。

表 3-7 荒漠植物名录

层片	植物种名	拉丁名
灌木层	梭梭	*Haloxylon ammodendron*（C. A. Mey.）Bunge
灌木层	唐古特白刺	*Nitraria tangutorum* Bobr.
灌木层	多枝柽柳	*Tamarix ramosissima* Ledeb.
灌木层	红砂	*Reaumuria soongarica*（Pall）Maxim
灌木层	细枝岩黄耆	*Hedysarum scoparium* Fisch. et Mey
灌木层	膜果麻黄	*Ephedra przewalskii* Stapf
灌木层	柠条锦鸡儿	*Caragana korshinskii* Kom.
灌木层	泡泡刺	*Nitraria sphaerocarpa* Maxim.
灌木层	蒙古沙拐枣	*Calligonum mongolicum* Turcz.
灌木层	沙蒿	*Artemisia desertorum* Spreng.
灌木层	苦豆子	*Sophora alopecuroides* Linn.
草本层	蒙古黄耆	*Astragalus membranaceus*（Fisch.）Bunge.
草本层	甘草	*Glycyrrhiza uralensis* Fisch.
草本层	芨芨草	*Achnatherum splendens*（Trin.）Nevski
草本层	芦苇	*Phragmites australis*（Cav.）
草本层	沙生针茅	*Stipa glareosa* P. A. Smirn.
草本层	黄花补血草	*Limonium aureum*（L.）Hill.
草本层	碟果虫实	*Corispermum patelliforme* Iljin
草本层	刺沙蓬	*Salsola ruthenica* Iljin
草本层	狗娃花	*Heteropappus hispidus*（Thunb.）Less.
草本层	画眉草	*Eragrostis pilosa*（Linn.）Beauv.
草本层	稗子草	*Echinochloa crusgali*（Linn.）Beauv.
草本层	沙芥	*Pugionium cornutum*（Linnaeus）Gaertn.
草本层	沙蓬	*Agriophyllum squarrosum*（Linn.）Moq.
草本层	砂蓝刺头	*Echinops gmelini* Turcz.
草本层	雾冰藜	*Bassia dasyphylla*（Fisch. et Mey）O. Kuntze
草本层	盐生草	*Halogeton glomeratus*（Bieb.）C. A. Mey.

3.2 荒漠生态系统土壤观测数据

3.2.1 土壤交换量

（1）概述

本数据集数据为民勤站设置的梭梭林综合观测样地（MQDZH01ABC_01）、红柳群落综合观测样地（MQDZH02ABC_01）、沙拐枣群落综合观测样地（MQDZH03ABC_01）、白刺群落综合观测样地（MQDZH04ABC_01）、沙蒿群落综合观测样地（MQDZH05ABC_01）及麻黄群落综合观测样地（MQDZH06ABC_01）6个长期观测样地内2015年采集土壤剖面（表层、0～20 cm、20～40 cm和40～60 cm）土壤样品测定的交换性钙、交换性镁、交换性钠、交换性钾和阳离子交换量数据（表3-8）。土壤胶体吸附阳离子，在一定条件下，与土壤溶液中的阳离子发生交换，这就是土壤阳离子的交换过程，能够参与交换过程的阳离子，就成为交换性阳离子。土壤保持和交换阳离子（养分离子）的能力，就是土壤的保肥能力。因此，测试土壤交换性离子含量是研究干旱区土壤演变过程的基本土壤化学指标。

（2）数据采集和处理方法

按照CNERN长期观测规范，剖面土壤重金属含量的监测频率为每5年1次。2015年夏季，在采样点挖取长1 m、宽1 m、深80 cm的土壤剖面，观察面向阳，挖出的土壤按不同层次分开放置，用铁铲自下向上采集各层土样，每层约1.5 kg，装入自封袋中，最后将挖出土壤按层回填。取回的土样置于干净的白纸上风干，挑除石子，四分法取适量碾磨后，过2 mm尼龙筛，转入新的自封袋中备用。分析方法采用氯化铵-乙醇交换法测定土壤交换性钙、镁、钠和钾的含量，采用EDTA-乙酸铵盐交换法测定阳离子交换量。

（3）数据质量控制与评估

在土壤样品的采集、分析测试、数据处理、录入和质量检查过程中，严格按照CERN统一制定的土壤观测规范和土壤观测质量控制规范来开展相关工作。样品的采集、处理按照前处理要求进行准备。样品测试过程由化验室专业测试人员测试；分析测试结束后，数据质量控制负责人严格按规程进行数据审核，分析可疑数据出现的原因，必要时进行重测；数据入库前由数据管理人员和台站负责人进行审核。

（4）数据

土壤交换阳离子含量数据见表3-8。

表3-8　土壤交换阳离子含量数据

年份	月份	样地代码	观测层次(cm)	交换性钙 [mmol·kg^{-1} (1/2Ca^{2+})]	交换性镁 [mmol·kg^{-1} (1/2 mg^{2+})]	交换性钠 [mmol·kg^{-1} (Na$^+$)]	交换性钾 [mmol·kg^{-1} (K$^+$)]	阳离子交换量 [mmol·kg^{-1} (+)]
2015	7	MQDZH01ABC_01	表层	144.2	18.7	1.47	1.75	15.3
2015	7	MQDZH01ABC_01	0～20	154.2	13.4	1.67	2.00	15.9
2015	7	MQDZH01ABC_01	20～40	166.9	46.7	2.84	2.11	16.5
2015	7	MQDZH01ABC_01	40～60	391.9	29.4	5.89	3.66	35.9
2015	7	MQDZH02ABC_01	表层	126.0	24.5	1.27	1.23	8.5
2015	7	MQDZH02ABC_01	0～20	163.8	8.4	1.36	1.73	10.0
2015	7	MQDZH02ABC_01	20～40	193.2	9.8	3.57	2.22	13.3
2015	7	MQDZH02ABC_01	40～60	181.3	56.0	6.70	2.33	11.3
2015	7	MQDZH03ABC_01	表层	132.3	11.2	1.56	1.64	12.4

（续）

年份	月份	样地代码	观测层次(cm)	交换性钙 $\left[\text{mmol}\cdot\text{kg}^{-1}(1/2\text{Ca}^{2+})\right]$	交换性镁 $\left[\text{mmol}\cdot\text{kg}^{-1}(1/2\,\text{mg}^{2+})\right]$	交换性钠 $\left[\text{mmol}\cdot\text{kg}^{-1}(\text{Na}^+)\right]$	交换性钾 $\left[\text{mmol}\cdot\text{kg}^{-1}(\text{K}^+)\right]$	阳离子交换量 $\left[\text{mmol}\cdot\text{kg}^{-1}(+)\right]$
2015	7	MQDZH03ABC_01	0～20	140.7	7.0	2.74	2.74	13.0
2015	7	MQDZH03ABC_01	20～40	142.8	11.2	3.57	1.91	10.5
2015	7	MQDZH03ABC_01	40～60	135.8	7.7	3.77	1.76	10.6
2015	7	MQDZH04ABC_01	表层	254.2	31.5	2.25	2.15	15.1
2015	7	MQDZH04ABC_01	0～20	200.3	9.1	4.98	2.47	16.0
2015	7	MQDZH04ABC_01	20～40	213.6	22.4	10.45	2.45	14.4
2015	7	MQDZH04ABC_01	40～60	181.3	5.6	9.51	2.90	17.3
2015	7	MQDZH05ABC_01	表层	104.5	40.7	2.39	1.11	11.4
2015	7	MQDZH05ABC_01	0～20	136.9	31.4	3.70	1.19	11.3
2015	7	MQDZH05ABC_01	20～40	82.1	52.1	1.38	1.32	15.7
2015	7	MQDZH05ABC_01	40～60	24.0	10.7	1.58	0.92	13.3
2015	7	MQDZH06ABC_01	表层	207.0	32.7	1.21	2.07	21.5
2015	7	MQDZH06ABC_01	0～20	280.4	40.1	1.49	1.99	22.6
2015	7	MQDZH06ABC_01	20～40	220.3	37.4	2.01	1.71	14.9
2015	7	MQDZH06ABC_01	40～60	372.5	34.7	7.41	1.68	33.5

3.2.2　土壤养分

（1）概述

本数据集为民勤站设置的梭梭林综合观测样地（MQDZH01ABC_01）、红柳群落综合观测样地（MQDZH02ABC_01）、沙拐枣群落综合观测样地（MQDZH03ABC_01）、白刺群落综合观测样地（MQDZH04ABC_01）、沙蒿群落综合观测样地（MQDZH05ABC_01）及麻黄群落综合观测样地（MQDZH06ABC_01）6个长期观测样地内 2015 年采集土壤剖面（表层、0～20 cm、20～40 cm 和40～60 cm）土壤的有机质、全氮、全磷、全钾、速效氮、速效磷、速效钾、缓效钾 8 种养分指标和土壤 pH 数据（表 3 - 9）。土壤养分的含量的状况是评价土壤生产力高低的重要标志之一，它不仅影响植被群落的发生、发育和演替速度，而且也对生态系统的结构和生产力具有重要影响。因此，民勤野外站长期测试土壤养分，可评估干旱生态系统的演变和稳定性。

（2）数据采集和处理方法

2015 年夏季，在采样点挖取长 1 m、宽 1 m、深 80 cm 的土壤剖面，观察面向阳，挖出的土壤按不同层次分开放置，用铁铲自下向上采集各层土样，每层约 1.5 kg，装入自封袋中，最后将挖出土壤按层回填。取回的土样置于干净的白纸上风干，挑除石子，四分法取适量碾磨后，过 2 mm 尼龙筛，转入新的自封袋中备用。土壤全氮采用重铬酸钾氧化法，全磷采用半微量凯式法，全钾采用氢氧化钠熔融-火焰光度计法，速效氮采用碱扩散法，速效磷采用碳酸氢钠浸提-钼锑抗比色法，速效钾采用乙酸铵浸提-火焰光度计法，缓效钾采用热硝酸浸提-火焰光度计法，pH 采用电位法测定。

（3）数据质量控制与评估

在土壤样品的采集、分析测试、数据处理、录入和质量检查过程中，严格按照 CERN 统一制定的土壤观测规范和土壤观测质量控制规范来开展相关工作。样品的采集、处理按照前处理要求进行准备。样品测试过程由化验室专业测试人员测试；分析测试结束后，数据质量控制负责人严格按规程进行数据审核，分析可疑数据出现的原因，必要时进行重测；数据入库前由数据管理人员和台站负责人进行审核。

（4）数据

土壤养分数据见表3-9。

表3-9　土壤养分数据

年份	月份	样地代码	观测层次（cm）	有机质（g/kg）	全氮（g/kg）	全磷（g/kg）	全钾（g/kg）	速效氮（mg/kg）	速效磷（mg/kg）	速效钾（mg/kg）	缓效钾（mg/kg）	pH
2015	7	MQDZH01ABC_01	表层	1.5	0.05	0.193	1.5	4.3	1.0	63.0	394	8.60
2015	7	MQDZH01ABC_01	0～20	1.9	0.10	0.195	1.7	2.9	0.9	85.0	428	8.78
2015	7	MQDZH01ABC_01	20～40	1.7	0.05	0.205	1.7	3.2	1.0	62.0	470	8.86
2015	7	MQDZH01ABC_01	40～60	3.7	0.12	0.257	2.3	3.4	1.1	115.0	740	8.30
2015	7	MQDZH02ABC_01	表层	1.4	0.04	0.196	1.3	3.1	0.9	43.0	321	8.35
2015	7	MQDZH02ABC_01	0～20	1.1	0.04	0.204	1.5	2.0	0.6	71.0	371	8.38
2015	7	MQDZH02ABC_01	20～40	1.0	0.03	0.235	2.4	1.7	1.6	99.0	455	8.06
2015	7	MQDZH02ABC_01	40～60	1.3	0.04	0.208	1.9	2.9	1.6	102.0	430	8.22
2015	7	MQDZH03ABC_01	表层	1.1	0.05	0.190	1.4	3.4	0.8	62.0	356	8.35
2015	7	MQDZH03ABC_01	0～20	1.9	0.06	0.172	1.4	4.1	1.3	116.0	373	8.54
2015	7	MQDZH03ABC_01	20～40	1.0	0.04	0.163	1.2	2.1	0.3	84.0	366	8.42
2015	7	MQDZH03ABC_01	40～60	1.0	0.03	0.178	1.2	2.4	0.9	76.0	296	8.52
2015	7	MQDZH04ABC_01	表层	2.1	0.09	0.244	2.5	5.0	2.5	93.0	515	8.44
2015	7	MQDZH04ABC_01	0～20	1.8	0.08	0.225	2.0	4.1	3.2	108.0	512	8.49
2015	7	MQDZH04ABC_01	20～40	1.6	0.07	0.226	2.2	3.4	1.6	129.0	504	8.24
2015	7	MQDZH04ABC_01	40～60	1.4	0.05	0.220	1.9	2.2	1.8	123.0	451	8.48
2015	7	MQDZH05ABC_01	表层	0.7	0.02	0.160	1.1	1.2	0.5	37.0	394	8.48
2015	7	MQDZH05ABC_01	0～20	0.8	0.03	0.195	1.3	2.3	0.1	47.0	490	8.79
2015	7	MQDZH05ABC_01	20～40	0.8	0.03	0.180	1.1	2.2	0.2	49.0	393	8.50
2015	7	MQDZH05ABC_01	40～60	0.5	0.02	0.157	0.8	1.6	0.1	32.0	286	8.56
2015	7	MQDZH06ABC_01	表层	1.1	0.04	0.238	2.4	3.1	1.4	90.0	418	8.28
2015	7	MQDZH06ABC_01	0～20	1.4	0.05	0.137	2.1	3.2	1.9	84.0	493	8.15
2015	7	MQDZH06ABC_01	20～40	0.8	0.03	0.160	1.5	1.8	0.1	70.0	390	8.20
2015	7	MQDZH06ABC_01	40～60	1.0	0.03	0.172	2.0	2.8	0.0	67.0	420	8.05

3.2.3　土壤机械组成

（1）概述

本数据集为民勤站设置的梭梭林综合观测样地（MQDZH01ABC_01）、红柳群落综合观测样地（MQDZH02ABC_01）、沙拐枣群落综合观测样地（MQDZH03ABC_01）、白刺群落综合观测样地（MQDZH04ABC_01）、沙蒿群落综合观测样地（MQDZH05ABC_01）及麻黄群落综合观测样地（MQDZH06ABC_01）6个长期观测样地内2015年采集土壤剖面（表层、0～20 cm、20～40 cm和40～60 cm）土壤机械组成数据（表3-10）。土壤机械组成不仅是土壤分类的重要诊断指标，也是影

表 3 – 10　土壤机械组成数据

年份	月份	样地代码	观测层次 (cm)	0.01~0.1 (μm)	0.1~0.5 (um)	0.5~1 (um)	1~2 (um)	2~5 (um)	5~10 (um)	10~20 (um)	20~50 (um)	50~100 (um)	100~200 (um)	200~250 (um)	250~500 (um)	500~1 000 (um)	1 000~2 000 (um)
2012	10	MQDZH01ABC_01	表层	0.00	0.08	0.51	0.62	1.49	1.58	2.09	0.51	16.73	48.67	12.52	15.18	0.03	0.00
2012	10	MQDZH01ABC_01	0~20	0.00	0.09	0.52	0.63	1.33	1.12	1.41	1.06	15.53	36.17	11.62	25.39	5.10	0.00
2012	10	MQDZH01ABC_01	20~40	0.00	0.20	0.87	1.08	2.27	2.08	2.45	2.43	18.80	34.46	8.95	19.65	6.78	0.00
2012	10	MQDZH01ABC_01	40~60	0.00	0.39	1.98	2.78	5.97	5.58	5.39	10.40	25.13	26.37	4.94	9.36	1.70	0.00
2012	10	MQDZH02ABC_01	表层	0.00	0.06	0.47	0.62	1.27	1.03	1.15	0.93	14.93	28.84	9.28	26.87	14.25	0.31
2012	10	MQDZH02ABC_01	0~20	0.00	0.09	0.52	0.63	1.38	1.09	1.20	1.28	17.97	32.67	9.55	24.11	9.51	0.00
2012	10	MQDZH02ABC_01	20~40	0.00	0.11	0.67	0.79	1.62	1.31	1.67	0.86	25.73	49.01	9.53	8.68	0.02	0.00
2012	10	MQDZH02ABC_01	40~60	0.00	0.09	0.51	0.61	1.34	1.04	1.27	0.71	18.73	43.36	12.41	19.54	0.38	0.00
2012	10	MQDZH03ABC_01	表层	0.00	0.01	0.44	0.52	1.21	0.94	1.01	1.03	13.23	44.81	15.20	21.59	0.02	0.00
2012	10	MQDZH03ABC_01	0~20	0.00	0.01	0.45	0.58	1.35	1.17	1.13	1.63	8.98	36.60	15.48	30.90	1.70	0.00
2012	10	MQDZH03ABC_01	20~40	0.00	0.01	0.37	0.45	1.17	1.05	1.08	0.94	7.75	40.54	16.55	29.23	0.86	0.00
2012	10	MQDZH03ABC_01	40~60	0.00	0.03	0.46	0.59	1.33	1.06	0.92	1.45	8.41	36.65	15.81	31.59	1.69	0.00
2012	10	MQDZH04ABC_01	表层	0.00	0.20	0.98	1.34	3.27	3.42	3.44	2.50	34.16	45.15	4.83	0.70	0.00	0.00
2012	10	MQDZH04ABC_01	0~20	0.00	0.09	0.54	0.66	1.53	1.27	1.78	0.65	22.16	50.48	10.47	10.35	0.01	0.00
2012	10	MQDZH04ABC_01	20~40	0.00	0.12	0.71	0.87	1.82	1.37	1.92	1.02	26.10	51.54	9.11	5.41	0.00	0.00
2012	10	MQDZH04ABC_01	40~60	0.00	0.22	0.86	1.02	1.99	1.45	2.03	0.58	24.28	51.96	9.40	6.22	0.00	0.00
2012	10	MQDZH05ABC_01	表层	0.00	0.00	0.36	0.51	1.13	0.95	1.10	0.84	10.47	22.71	7.10	25.20	25.69	3.95
2012	10	MQDZH05ABC_01	0~20	0.00	0.09	0.55	0.69	1.56	1.44	1.57	2.36	12.26	33.25	12.62	28.64	4.96	0.00
2012	10	MQDZH05ABC_01	20~40	0.00	0.01	0.39	0.52	1.19	0.90	1.09	0.58	11.20	32.57	11.30	27.92	12.25	0.08
2012	10	MQDZH05ABC_01	40~60	0.00	0.00	0.18	0.47	1.02	0.99	1.05	1.14	3.38	7.13	5.44	37.91	37.40	3.89
2012	10	MQDZH06ABC_01	表层	0.00	0.30	1.25	1.59	3.22	2.70	2.68	2.79	20.04	36.33	9.06	15.74	4.30	0.02
2012	10	MQDZH06ABC_01	0~20	0.00	0.27	1.04	1.36	2.72	1.93	1.40	1.33	3.53	16.52	9.05	35.06	24.68	1.11
2012	10	MQDZH06ABC_01	20~40	0.00	0.06	0.45	0.51	1.30	1.44	1.17	1.51	2.33	26.58	15.57	41.54	7.56	0.00
2012	10	MQDZH6ABC_01	40~60	0.00	0.14	1.02	1.51	3.91	4.13	3.18	2.24	0.27	18.70	14.73	42.85	7.30	0.00

响土壤水、肥、气、热状况，物质迁移转化及土壤退化过程研究的重要因素。民勤野外站由长期测试综合观测场和辅助观测场的土壤粒度组成，及时评价荒漠化进程。

（2）数据采集和处理方法

2011 年冬季，在采样点挖取长 1 m、宽 1 m、深 80 cm 的土壤剖面，观察面向阳，挖出的土壤按不同层次分开放置，用铁铲自下向上采集各层土样，每层约 1.5 kg，装入自封袋中，最后将挖出土壤按层回填。取回的土样置于干净的白纸上风干，挑除石子，四分法取适量碾磨后，过 2 mm 尼龙筛，转入新的自封袋中备用。分析方法采用激光法测定土壤的粒度组成。

（3）数据质量控制与评估

在土壤样品的采集、分析测试、数据处理、录入和质量检查过程中，严格按照 CERN 统一制定的土壤观测规范和土壤观测质量控制规范来开展相关工作。样品的采集、处理按照样品上机前处理要求进行准备。样品测试过程由专业测试人员操作仪器设备测试；分析测试结束后，数据质量控制负责人严格按规程进行数据审核，分析可疑数据出现的原因，必要时进行重测；数据入库前由数据管理人员和台站负责人进行审核。

（4）数据

土壤机械组成数据见表 3 - 10。

3.3 荒漠生态系统水分观测数据

3.3.1 土壤体积含水量

（1）概述

本数据集为民勤站设置的梭梭林综合观测样地 （MQDZH01ABC_01）、红柳群落综合观测样地 （MQDZH02ABC_01）、沙拐枣群落综合观测样地 （MQDZH03ABC_01）、白刺群落综合观测样地 （MQDZH04ABC_01）、沙蒿群落综合观测样地 （MQDZH05ABC_01） 及麻黄群落综合观测样地 （MQDZH06ABC_01） 6 个长期观测样地内 2008 年、2010 年、2012 年、2014 年土壤体积含水量月尺度观测数据 （表 3 - 11）。荒漠生态系统土壤水分平衡一直是大家关注的焦点，对典型荒漠植被群落土壤水分长期定位观测，结合植被数据可以研究该区域荒漠生态系统的稳定性及预测群落演替方向，同时可间接反映全球气候变化对荒漠生态系统的影响。

（2）数据采集及处理方法

2008—2014 年，每年 4—11 月，用中子探测仪 （型号：CNC - 503B） 对样地预埋设的水分测定管每月观测 1 次。探测深度为 10 cm、30 cm、50 cm、70 cm、90 cm、110 cm、130 cm、150 cm、170 cm、190 cm。表中 "/" 表示无数据 （预埋水分测定管为 2 m，部分水分测定管某一观测期风蚀后达不到相应测量深度），"沙埋" 表示某一观测期相应深度水分测定管被沙埋，计量单位为百分比 （%）。在数据分析过程中，用烘干法测定土壤质量含水量对各样地中子仪数据建立校正方程。环刀法测定土壤容重。

数据测定时严格按照观测规范，每次测量前在实验室水泥地进行仪器标定。烘干法建立校正方程时，采样重复，取土钻的位置分布在水分测定管位置四周半径 1 m 之间的范围内，3 个重复点构成三角形。三点测量结果采用算数平均方式进行计算。取土时间为 4 月、11 月 （干季）、7 月、8 月 （湿季）。测定过程中，每个监测数据如果超出相同土壤类型和采样深度的历史数据阈值范围，对超出范围的数据进行再次测定或仪器检查。由于中子仪水分测定管埋设地为半流动沙地或流动沙地，且水分测定管的长度为 2 m，故在风季测定管容易风蚀出地表或沙埋，造成部分表层 （沙埋） 或深层 （风蚀） 土壤水分数据存在缺失。

（3）数据质量控制与评估

土壤水分数据测定时严格按照观测规范，每次测量前在实验室水泥地进行仪器标定。利用烘干法建立校正方程时，采样重复，取土钻的位置分布在水分测定管位置四周半径 1 m 之间的范围内。

（4）数据

土壤体积含水量数据见表 3-11。

表 3-11　土壤体积含水量数据

年份	月份	样地代码	群落名称	探测深度（cm）	体积含水量（%）
2008	4	MQDZH01ABC_01	梭梭群落	10	2.11
2008	4	MQDZH01ABC_01	梭梭群落	30	4.31
2008	4	MQDZH01ABC_01	梭梭群落	50	4.08
2008	4	MQDZH01ABC_01	梭梭群落	70	3.97
2008	4	MQDZH01ABC_01	梭梭群落	90	4.43
2008	4	MQDZH01ABC_01	梭梭群落	110	8.25
2008	4	MQDZH01ABC_01	梭梭群落	130	9.64
2008	4	MQDZH01ABC_01	梭梭群落	150	8.48
2008	4	MQDZH01ABC_01	梭梭群落	170	11.37
2008	4	MQDZH01ABC_01	梭梭群落	190	12.30
2008	5	MQDZH01ABC_01	梭梭群落	10	3.96
2008	5	MQDZH01ABC_01	梭梭群落	30	4.06
2008	5	MQDZH01ABC_01	梭梭群落	50	4.53
2008	5	MQDZH01ABC_01	梭梭群落	70	4.41
2008	5	MQDZH01ABC_01	梭梭群落	90	6.19
2008	5	MQDZH01ABC_01	梭梭群落	110	3.94
2008	5	MQDZH01ABC_01	梭梭群落	130	6.31
2008	5	MQDZH01ABC_01	梭梭群落	150	4.18
2008	5	MQDZH01ABC_01	梭梭群落	170	7.02
2008	5	MQDZH01ABC_01	梭梭群落	190	12.23
2008	6	MQDZH01ABC_01	梭梭群落	10	2.56
2008	6	MQDZH01ABC_01	梭梭群落	30	3.72
2008	6	MQDZH01ABC_01	梭梭群落	50	4.74
2008	6	MQDZH01ABC_01	梭梭群落	70	4.87
2008	6	MQDZH01ABC_01	梭梭群落	90	5.12
2008	6	MQDZH01ABC_01	梭梭群落	110	9.07
2008	6	MQDZH01ABC_01	梭梭群落	130	10.72
2008	6	MQDZH01ABC_01	梭梭群落	150	9.83

（续）

年份	月份	样地代码	群落名称	探测深度（cm）	体积含水量（%）
2008	6	MQDZH01ABC＿01	梭梭群落	170	12.25
2008	6	MQDZH01ABC＿01	梭梭群落	190	13.90
2008	7	MQDZH01ABC＿01	梭梭群落	10	2.65
2008	7	MQDZH01ABC＿01	梭梭群落	30	5.15
2008	7	MQDZH01ABC＿01	梭梭群落	50	4.90
2008	7	MQDZH01ABC＿01	梭梭群落	70	4.52
2008	7	MQDZH01ABC＿01	梭梭群落	90	4.90
2008	7	MQDZH01ABC＿01	梭梭群落	110	8.89
2008	7	MQDZH01ABC＿01	梭梭群落	130	10.76
2008	7	MQDZH01ABC＿01	梭梭群落	150	9.64
2008	7	MQDZH01ABC＿01	梭梭群落	170	12.64
2008	7	MQDZH01ABC＿01	梭梭群落	190	13.38
2008	9	MQDZH01ABC＿01	梭梭群落	10	2.21
2008	9	MQDZH01ABC＿01	梭梭群落	30	4.53
2008	9	MQDZH01ABC＿01	梭梭群落	50	4.41
2008	9	MQDZH01ABC＿01	梭梭群落	70	4.17
2008	9	MQDZH01ABC＿01	梭梭群落	90	5.14
2008	9	MQDZH01ABC＿01	梭梭群落	110	9.15
2008	9	MQDZH01ABC＿01	梭梭群落	130	9.52
2008	9	MQDZH01ABC＿01	梭梭群落	150	9.27
2008	9	MQDZH01ABC＿01	梭梭群落	170	11.83
2008	9	MQDZH01ABC＿01	梭梭群落	190	12.31
2008	10	MQDZH01ABC＿01	梭梭群落	10	2.60
2008	10	MQDZH01ABC＿01	梭梭群落	30	4.65
2008	10	MQDZH01ABC＿01	梭梭群落	50	4.04
2008	10	MQDZH01ABC＿01	梭梭群落	70	4.04
2008	10	MQDZH01ABC＿01	梭梭群落	90	4.41
2008	10	MQDZH01ABC＿01	梭梭群落	110	4.53
2008	10	MQDZH01ABC＿01	梭梭群落	130	4.41
2008	10	MQDZH01ABC＿01	梭梭群落	150	4.65
2008	10	MQDZH01ABC＿01	梭梭群落	170	4.53
2008	10	MQDZH01ABC＿01	梭梭群落	190	7.69
2008	11	MQDZH01ABC＿01	梭梭群落	10	2.25

（续）

年份	月份	样地代码	群落名称	探测深度（cm）	体积含水量（%）
2008	11	MQDZH01ABC_01	梭梭群落	30	4.04
2008	11	MQDZH01ABC_01	梭梭群落	50	4.17
2008	11	MQDZH01ABC_01	梭梭群落	70	3.92
2008	11	MQDZH01ABC_01	梭梭群落	90	4.04
2008	11	MQDZH01ABC_01	梭梭群落	110	6.72
2008	11	MQDZH01ABC_01	梭梭群落	130	9.64
2008	11	MQDZH01ABC_01	梭梭群落	150	8.18
2008	11	MQDZH01ABC_01	梭梭群落	170	10.12
2008	11	MQDZH01ABC_01	梭梭群落	190	11.95
2010	4	MQDZH01ABC_01	梭梭群落	10	2.60
2010	4	MQDZH01ABC_01	梭梭群落	30	4.19
2010	4	MQDZH01ABC_01	梭梭群落	50	4.31
2010	4	MQDZH01ABC_01	梭梭群落	70	4.07
2010	4	MQDZH01ABC_01	梭梭群落	90	7.00
2010	4	MQDZH01ABC_01	梭梭群落	110	9.94
2010	4	MQDZH01ABC_01	梭梭群落	130	8.23
2010	4	MQDZH01ABC_01	梭梭群落	150	10.55
2010	4	MQDZH01ABC_01	梭梭群落	170	12.75
2010	5	MQDZH01ABC_01	梭梭群落	10	2.61
2010	5	MQDZH01ABC_01	梭梭群落	30	3.04
2010	5	MQDZH01ABC_01	梭梭群落	50	3.73
2010	5	MQDZH01ABC_01	梭梭群落	70	3.62
2010	5	MQDZH01ABC_01	梭梭群落	90	4.66
2010	5	MQDZH01ABC_01	梭梭群落	110	8.48
2010	5	MQDZH01ABC_01	梭梭群落	130	8.94
2010	5	MQDZH01ABC_01	梭梭群落	150	8.25
2010	5	MQDZH01ABC_01	梭梭群落	170	11.03
2010	6	MQDZH01ABC_01	梭梭群落	10	2.86
2010	6	MQDZH01ABC_01	梭梭群落	30	3.23
2010	6	MQDZH01ABC_01	梭梭群落	50	3.94
2010	6	MQDZH01ABC_01	梭梭群落	70	4.41
2010	6	MQDZH01ABC_01	梭梭群落	90	4.77
2010	6	MQDZH01ABC_01	梭梭群落	110	8.68

（续）

年份	月份	样地代码	群落名称	探测深度（cm）	体积含水量（%）
2010	6	MQDZH01ABC_01	梭梭群落	130	9.63
2010	6	MQDZH01ABC_01	梭梭群落	150	8.80
2010	6	MQDZH01ABC_01	梭梭群落	170	11.40
2010	7	MQDZH01ABC_01	梭梭群落	10	2.80
2010	7	MQDZH01ABC_01	梭梭群落	30	2.96
2010	7	MQDZH01ABC_01	梭梭群落	50	4.49
2010	7	MQDZH01ABC_01	梭梭群落	70	4.61
2010	7	MQDZH01ABC_01	梭梭群落	90	4.87
2010	7	MQDZH01ABC_01	梭梭群落	110	10.08
2010	7	MQDZH01ABC_01	梭梭群落	130	10.08
2010	7	MQDZH01ABC_01	梭梭群落	150	9.57
2010	7	MQDZH01ABC_01	梭梭群落	170	12.88
2010	8	MQDZH01ABC_01	梭梭群落	10	2.03
2010	8	MQDZH01ABC_01	梭梭群落	30	3.03
2010	8	MQDZH01ABC_01	梭梭群落	50	4.40
2010	8	MQDZH01ABC_01	梭梭群落	70	4.40
2010	8	MQDZH01ABC_01	梭梭群落	90	5.52
2010	8	MQDZH01ABC_01	梭梭群落	110	10.02
2010	8	MQDZH01ABC_01	梭梭群落	130	10.26
2010	8	MQDZH01ABC_01	梭梭群落	150	9.89
2010	8	MQDZH01ABC_01	梭梭群落	170	13.13
2010	9	MQDZH01ABC_01	梭梭群落	10	2.76
2010	9	MQDZH01ABC_01	梭梭群落	30	2.46
2010	9	MQDZH01ABC_01	梭梭群落	50	3.80
2010	9	MQDZH01ABC_01	梭梭群落	70	4.29
2010	9	MQDZH01ABC_01	梭梭群落	90	5.02
2010	9	MQDZH01ABC_01	梭梭群落	110	9.52
2010	9	MQDZH01ABC_01	梭梭群落	130	9.88
2010	9	MQDZH01ABC_01	梭梭群落	150	9.15
2010	9	MQDZH01ABC_01	梭梭群落	170	12.19
2010	11	MQDZH01ABC_01	梭梭群落	10	2.88
2010	11	MQDZH01ABC_01	梭梭群落	30	3.68
2010	11	MQDZH01ABC_01	梭梭群落	50	3.80

（续）

年份	月份	样地代码	群落名称	探测深度（cm）	体积含水量（%）
2010	11	MQDZH01ABC＿01	梭梭群落	70	3.68
2010	11	MQDZH01ABC＿01	梭梭群落	90	4.41
2010	11	MQDZH01ABC＿01	梭梭群落	110	7.81
2010	11	MQDZH01ABC＿01	梭梭群落	130	9.52
2010	11	MQDZH01ABC＿01	梭梭群落	150	8.18
2010	11	MQDZH01ABC＿01	梭梭群落	170	10.25
2012	4	MQDZH01ABC＿01	梭梭群落	10	1.38
2012	4	MQDZH01ABC＿01	梭梭群落	30	2.01
2012	4	MQDZH01ABC＿01	梭梭群落	50	4.68
2012	4	MQDZH01ABC＿01	梭梭群落	70	2.60
2012	4	MQDZH01ABC＿01	梭梭群落	90	5.78
2012	4	MQDZH01ABC＿01	梭梭群落	110	10.18
2012	4	MQDZH01ABC＿01	梭梭群落	130	9.57
2012	4	MQDZH01ABC＿01	梭梭群落	150	10.67
2012	4	MQDZH01ABC＿01	梭梭群落	170	12.75
2012	4	MQDZH01ABC＿01	梭梭群落	190	/
2012	5	MQDZH01ABC＿01	梭梭群落	10	3.05
2012	5	MQDZH01ABC＿01	梭梭群落	30	5.01
2012	5	MQDZH01ABC＿01	梭梭群落	50	6.28
2012	5	MQDZH01ABC＿01	梭梭群落	70	5.47
2012	5	MQDZH01ABC＿01	梭梭群落	90	6.51
2012	5	MQDZH01ABC＿01	梭梭群落	110	10.22
2012	5	MQDZH01ABC＿01	梭梭群落	130	5.82
2012	5	MQDZH01ABC＿01	梭梭群落	150	4.20
2012	5	MQDZH01ABC＿01	梭梭群落	170	8.25
2012	5	MQDZH01ABC＿01	梭梭群落	190	10.80
2012	6	MQDZH01ABC＿01	梭梭群落	10	2.62
2012	6	MQDZH01ABC＿01	梭梭群落	30	2.64
2012	6	MQDZH01ABC＿01	梭梭群落	50	4.77
2012	6	MQDZH01ABC＿01	梭梭群落	70	4.53
2012	6	MQDZH01ABC＿01	梭梭群落	90	5.01
2012	6	MQDZH01ABC＿01	梭梭群落	110	10.10
2012	6	MQDZH01ABC＿01	梭梭群落	130	10.46

（续）

年份	月份	样地代码	群落名称	探测深度（cm）	体积含水量（%）
2012	6	MQDZH01ABC＿01	梭梭群落	150	9.75
2012	6	MQDZH01ABC＿01	梭梭群落	170	12.59
2012	6	MQDZH01ABC＿01	梭梭群落	190	/
2012	7	MQDZH01ABC＿01	梭梭群落	10	3.72
2012	7	MQDZH01ABC＿01	梭梭群落	30	6.14
2012	7	MQDZH01ABC＿01	梭梭群落	50	5.12
2012	7	MQDZH01ABC＿01	梭梭群落	70	5.12
2012	7	MQDZH01ABC＿01	梭梭群落	90	7.03
2012	7	MQDZH01ABC＿01	梭梭群落	110	11.86
2012	7	MQDZH01ABC＿01	梭梭群落	130	10.59
2012	7	MQDZH01ABC＿01	梭梭群落	150	12.37
2012	7	MQDZH01ABC＿01	梭梭群落	170	14.54
2012	7	MQDZH01ABC＿01	梭梭群落	190	/
2012	8	MQDZH01ABC＿01	梭梭群落	10	5.15
2012	8	MQDZH01ABC＿01	梭梭群落	30	9.02
2012	8	MQDZH01ABC＿01	梭梭群落	50	6.40
2012	8	MQDZH01ABC＿01	梭梭群落	70	5.52
2012	8	MQDZH01ABC＿01	梭梭群落	90	8.27
2012	8	MQDZH01ABC＿01	梭梭群落	110	11.26
2012	8	MQDZH01ABC＿01	梭梭群落	130	6.02
2012	8	MQDZH01ABC＿01	梭梭群落	150	5.02
2012	8	MQDZH01ABC＿01	梭梭群落	170	11.01
2012	8	MQDZH01ABC＿01	梭梭群落	190	11.76
2012	9	MQDZH01ABC＿01	梭梭群落	10	2.13
2012	9	MQDZH01ABC＿01	梭梭群落	30	3.32
2012	9	MQDZH01ABC＿01	梭梭群落	50	5.02
2012	9	MQDZH01ABC＿01	梭梭群落	70	4.77
2012	9	MQDZH01ABC＿01	梭梭群落	90	5.63
2012	9	MQDZH01ABC＿01	梭梭群落	110	10.25
2012	9	MQDZH01ABC＿01	梭梭群落	130	10.49
2012	9	MQDZH01ABC＿01	梭梭群落	150	10.12
2012	9	MQDZH01ABC＿01	梭梭群落	170	13.04
2012	9	MQDZH01ABC＿01	梭梭群落	190	13.65

（续）

年份	月份	样地代码	群落名称	探测深度（cm）	体积含水量（%）
2014	4	MQDZH01ABC_01	梭梭群落	10	2.77
2014	4	MQDZH01ABC_01	梭梭群落	30	2.99
2014	4	MQDZH01ABC_01	梭梭群落	50	3.46
2014	4	MQDZH01ABC_01	梭梭群落	70	4.31
2014	4	MQDZH01ABC_01	梭梭群落	90	4.19
2014	4	MQDZH01ABC_01	梭梭群落	110	4.44
2014	4	MQDZH01ABC_01	梭梭群落	130	4.19
2014	4	MQDZH01ABC_01	梭梭群落	150	4.19
2014	4	MQDZH01ABC_01	梭梭群落	170	4.44
2014	4	MQDZH01ABC_01	梭梭群落	190	8.23
2014	5	MQDZH01ABC_01	梭梭群落	10	2.07
2014	5	MQDZH01ABC_01	梭梭群落	30	3.27
2014	5	MQDZH01ABC_01	梭梭群落	50	3.97
2014	5	MQDZH01ABC_01	梭梭群落	70	4.43
2014	5	MQDZH01ABC_01	梭梭群落	90	7.55
2014	5	MQDZH01ABC_01	梭梭群落	110	10.56
2014	5	MQDZH01ABC_01	梭梭群落	130	8.48
2014	5	MQDZH01ABC_01	梭梭群落	150	11.14
2014	5	MQDZH01ABC_01	梭梭群落	170	12.42
2014	5	MQDZH01ABC_01	梭梭群落	190	/
2014	6	MQDZH01ABC_01	梭梭群落	10	1.98
2014	6	MQDZH01ABC_01	梭梭群落	30	2.76
2014	6	MQDZH01ABC_01	梭梭群落	50	3.70
2014	6	MQDZH01ABC_01	梭梭群落	70	4.30
2014	6	MQDZH01ABC_01	梭梭群落	90	6.90
2014	6	MQDZH01ABC_01	梭梭群落	110	10.46
2014	6	MQDZH01ABC_01	梭梭群落	130	10.34
2014	6	MQDZH01ABC_01	梭梭群落	150	12.59
2014	6	MQDZH01ABC_01	梭梭群落	170	/
2014	6	MQDZH01ABC_01	梭梭群落	190	/
2014	7	MQDZH01ABC_01	梭梭群落	10	1.92
2014	7	MQDZH01ABC_01	梭梭群落	30	2.83
2014	7	MQDZH01ABC_01	梭梭群落	50	4.10

（续）

年份	月份	样地代码	群落名称	探测深度（cm）	体积含水量（%）
2014	7	MQDZH01ABC_01	梭梭群落	70	4.99
2014	7	MQDZH01ABC_01	梭梭群落	90	6.90
2014	7	MQDZH01ABC_01	梭梭群落	110	11.36
2014	7	MQDZH01ABC_01	梭梭群落	130	10.46
2014	7	MQDZH01ABC_01	梭梭群落	150	11.10
2014	7	MQDZH01ABC_01	梭梭群落	170	14.15
2014	7	MQDZH01ABC_01	梭梭群落	190	/
2014	9	MQDZH01ABC_01	梭梭群落	10	2.00
2014	9	MQDZH01ABC_01	梭梭群落	30	4.04
2014	9	MQDZH01ABC_01	梭梭群落	50	4.17
2014	9	MQDZH01ABC_01	梭梭群落	70	4.53
2014	9	MQDZH01ABC_01	梭梭群落	90	6.11
2014	9	MQDZH01ABC_01	梭梭群落	110	10.12
2014	9	MQDZH01ABC_01	梭梭群落	130	10.12
2014	9	MQDZH01ABC_01	梭梭群落	150	10.61
2014	9	MQDZH01ABC_01	梭梭群落	170	11.09
2014	9	MQDZH01ABC_01	梭梭群落	190	11.09
2014	10	MQDZH01ABC_01	梭梭群落	10	2.52
2014	10	MQDZH01ABC_01	梭梭群落	30	3.19
2014	10	MQDZH01ABC_01	梭梭群落	50	3.80
2014	10	MQDZH01ABC_01	梭梭群落	70	3.92
2014	10	MQDZH01ABC_01	梭梭群落	90	4.65
2014	10	MQDZH01ABC_01	梭梭群落	110	9.27
2014	10	MQDZH01ABC_01	梭梭群落	130	9.52
2014	10	MQDZH01ABC_01	梭梭群落	150	9.40
2014	10	MQDZH01ABC_01	梭梭群落	170	12.31
2014	10	MQDZH01ABC_01	梭梭群落	190	/
2014	11	MQDZH01ABC_01	梭梭群落	10	2.86
2014	11	MQDZH01ABC_01	梭梭群落	30	3.44
2014	11	MQDZH01ABC_01	梭梭群落	50	4.17
2014	11	MQDZH01ABC_01	梭梭群落	70	4.53
2014	11	MQDZH01ABC_01	梭梭群落	90	6.72
2014	11	MQDZH01ABC_01	梭梭群落	110	8.79

(续)

年份	月份	样地代码	群落名称	探测深度（cm）	体积含水量（%）
2014	11	MQDZH01ABC_01	梭梭群落	130	4.90
2014	11	MQDZH01ABC_01	梭梭群落	150	4.29
2014	11	MQDZH01ABC_01	梭梭群落	170	10.73
2014	11	MQDZH01ABC_01	梭梭群落	190	7.94
2008	4	MQDZH02ABC_01	柽柳群落	10	3.08
2008	4	MQDZH02ABC_01	柽柳群落	30	3.70
2008	4	MQDZH02ABC_01	柽柳群落	50	4.32
2008	4	MQDZH02ABC_01	柽柳群落	70	4.07
2008	4	MQDZH02ABC_01	柽柳群落	90	4.20
2008	4	MQDZH02ABC_01	柽柳群落	110	3.95
2008	4	MQDZH02ABC_01	柽柳群落	130	4.07
2008	4	MQDZH02ABC_01	柽柳群落	150	3.57
2008	4	MQDZH02ABC_01	柽柳群落	170	3.70
2008	4	MQDZH02ABC_01	柽柳群落	190	3.95
2008	5	MQDZH02ABC_01	柽柳群落	10	2.75
2008	5	MQDZH02ABC_01	柽柳群落	30	4.74
2008	5	MQDZH02ABC_01	柽柳群落	50	5.11
2008	5	MQDZH02ABC_01	柽柳群落	70	4.99
2008	5	MQDZH02ABC_01	柽柳群落	90	5.36
2008	5	MQDZH02ABC_01	柽柳群落	110	5.11
2008	5	MQDZH02ABC_01	柽柳群落	130	4.25
2008	5	MQDZH02ABC_01	柽柳群落	150	4.25
2008	5	MQDZH02ABC_01	柽柳群落	170	3.51
2008	5	MQDZH02ABC_01	柽柳群落	190	3.76
2008	6	MQDZH02ABC_01	柽柳群落	10	3.13
2008	6	MQDZH02ABC_01	柽柳群落	30	5.06
2008	6	MQDZH02ABC_01	柽柳群落	50	6.91
2008	6	MQDZH02ABC_01	柽柳群落	70	7.03
2008	6	MQDZH02ABC_01	柽柳群落	90	6.57
2008	6	MQDZH02ABC_01	柽柳群落	110	4.94
2008	6	MQDZH02ABC_01	柽柳群落	130	5.17
2008	6	MQDZH02ABC_01	柽柳群落	150	4.83
2008	6	MQDZH02ABC_01	柽柳群落	170	5.06

（续）

年份	月份	样地代码	群落名称	探测深度（cm）	体积含水量（%）
2008	6	MQDZH02ABC_01	柽柳群落	190	5.29
2008	8	MQDZH02ABC_01	柽柳群落	10	2.83
2008	8	MQDZH02ABC_01	柽柳群落	30	2.70
2008	8	MQDZH02ABC_01	柽柳群落	50	5.33
2008	8	MQDZH02ABC_01	柽柳群落	70	5.20
2008	8	MQDZH02ABC_01	柽柳群落	90	5.20
2008	8	MQDZH02ABC_01	柽柳群落	110	4.70
2008	8	MQDZH02ABC_01	柽柳群落	130	4.45
2008	8	MQDZH02ABC_01	柽柳群落	150	4.32
2008	8	MQDZH02ABC_01	柽柳群落	170	3.57
2008	8	MQDZH02ABC_01	柽柳群落	190	4.07
2008	9	MQDZH02ABC_01	柽柳群落	10	2.04
2008	9	MQDZH02ABC_01	柽柳群落	30	5.48
2008	9	MQDZH02ABC_01	柽柳群落	50	3.84
2008	9	MQDZH02ABC_01	柽柳群落	70	3.59
2008	9	MQDZH02ABC_01	柽柳群落	90	3.84
2008	9	MQDZH02ABC_01	柽柳群落	110	3.97
2008	9	MQDZH02ABC_01	柽柳群落	130	3.84
2008	9	MQDZH02ABC_01	柽柳群落	150	3.84
2008	9	MQDZH02ABC_01	柽柳群落	170	3.72
2008	9	MQDZH02ABC_01	柽柳群落	190	4.09
2008	10	MQDZH02ABC_01	柽柳群落	10	2.51
2008	10	MQDZH02ABC_01	柽柳群落	30	5.85
2008	10	MQDZH02ABC_01	柽柳群落	50	4.50
2008	10	MQDZH02ABC_01	柽柳群落	70	4.50
2008	10	MQDZH02ABC_01	柽柳群落	90	5.12
2008	10	MQDZH02ABC_01	柽柳群落	110	4.62
2008	10	MQDZH02ABC_01	柽柳群落	130	4.38
2008	10	MQDZH02ABC_01	柽柳群落	150	4.13
2008	10	MQDZH02ABC_01	柽柳群落	170	3.64
2008	10	MQDZH02ABC_01	柽柳群落	190	4.13
2010	4	MQDZH02ABC_01	柽柳群落	10	2.45
2010	4	MQDZH02ABC_01	柽柳群落	30	5.70

（续）

年份	月份	样地代码	群落名称	探测深度（cm）	体积含水量（%）
2010	4	MQDZH02ABC＿01	柽柳群落	50	6.70
2010	4	MQDZH02ABC＿01	柽柳群落	70	4.95
2010	4	MQDZH02ABC＿01	柽柳群落	90	4.32
2010	4	MQDZH02ABC＿01	柽柳群落	110	4.45
2010	4	MQDZH02ABC＿01	柽柳群落	130	3.95
2010	4	MQDZH02ABC＿01	柽柳群落	150	3.45
2010	4	MQDZH02ABC＿01	柽柳群落	170	3.07
2010	4	MQDZH02ABC＿01	柽柳群落	190	3.32
2010	5	MQDZH02ABC＿01	柽柳群落	10	2.44
2010	5	MQDZH02ABC＿01	柽柳群落	30	5.48
2010	5	MQDZH02ABC＿01	柽柳群落	50	6.83
2010	5	MQDZH02ABC＿01	柽柳群落	70	5.85
2010	5	MQDZH02ABC＿01	柽柳群落	90	4.87
2010	5	MQDZH02ABC＿01	柽柳群落	110	4.62
2010	5	MQDZH02ABC＿01	柽柳群落	130	3.88
2010	5	MQDZH02ABC＿01	柽柳群落	150	3.51
2010	5	MQDZH02ABC＿01	柽柳群落	170	3.27
2010	5	MQDZH02ABC＿01	柽柳群落	190	3.27
2010	6	MQDZH02ABC＿01	柽柳群落	10	沙埋
2010	6	MQDZH02ABC＿01	柽柳群落	30	5.41
2010	6	MQDZH02ABC＿01	柽柳群落	50	7.73
2010	6	MQDZH02ABC＿01	柽柳群落	70	6.33
2010	6	MQDZH02ABC＿01	柽柳群落	90	5.87
2010	6	MQDZH02ABC＿01	柽柳群落	110	4.83
2010	6	MQDZH02ABC＿01	柽柳群落	130	4.48
2010	6	MQDZH02ABC＿01	柽柳群落	150	4.36
2010	6	MQDZH02ABC＿01	柽柳群落	170	4.25
2010	6	MQDZH02ABC＿01	柽柳群落	190	7.15
2010	7	MQDZH02ABC＿01	柽柳群落	10	21.58
2010	7	MQDZH02ABC＿01	柽柳群落	30	4.32
2010	7	MQDZH02ABC＿01	柽柳群落	50	7.33
2010	7	MQDZH02ABC＿01	柽柳群落	70	7.20
2010	7	MQDZH02ABC＿01	柽柳群落	90	6.45

（续）

年份	月份	样地代码	群落名称	探测深度（cm）	体积含水量（%）
2010	7	MQDZH02ABC_01	柽柳群落	110	5.58
2010	7	MQDZH02ABC_01	柽柳群落	130	4.95
2010	7	MQDZH02ABC_01	柽柳群落	150	4.58
2010	7	MQDZH02ABC_01	柽柳群落	170	4.32
2010	7	MQDZH02ABC_01	柽柳群落	190	4.07
2010	8	MQDZH02ABC_01	柽柳群落	10	2.20
2010	8	MQDZH02ABC_01	柽柳群落	30	2.71
2010	8	MQDZH02ABC_01	柽柳群落	50	5.85
2010	8	MQDZH02ABC_01	柽柳群落	70	6.23
2010	8	MQDZH02ABC_01	柽柳群落	90	5.98
2010	8	MQDZH02ABC_01	柽柳群落	110	5.73
2010	8	MQDZH02ABC_01	柽柳群落	130	4.60
2010	8	MQDZH02ABC_01	柽柳群落	150	4.47
2010	8	MQDZH02ABC_01	柽柳群落	170	3.84
2010	8	MQDZH02ABC_01	柽柳群落	190	4.22
2010	9	MQDZH02ABC_01	柽柳群落	10	2.40
2010	9	MQDZH02ABC_01	柽柳群落	30	3.89
2010	9	MQDZH02ABC_01	柽柳群落	50	5.85
2010	9	MQDZH02ABC_01	柽柳群落	70	5.85
2010	9	MQDZH02ABC_01	柽柳群落	90	5.24
2010	9	MQDZH02ABC_01	柽柳群落	110	4.87
2010	9	MQDZH02ABC_01	柽柳群落	130	4.38
2010	9	MQDZH02ABC_01	柽柳群落	150	4.13
2010	9	MQDZH02ABC_01	柽柳群落	170	3.89
2010	9	MQDZH02ABC_01	柽柳群落	190	4.01
2010	11	MQDZH02ABC_01	柽柳群落	10	2.62
2010	11	MQDZH02ABC_01	柽柳群落	30	8.81
2010	11	MQDZH02ABC_01	柽柳群落	50	5.73
2010	11	MQDZH02ABC_01	柽柳群落	70	5.24
2010	11	MQDZH02ABC_01	柽柳群落	90	5.36
2010	11	MQDZH02ABC_01	柽柳群落	110	5.24
2010	11	MQDZH02ABC_01	柽柳群落	130	4.87
2010	11	MQDZH02ABC_01	柽柳群落	150	4.50

（续）

年份	月份	样地代码	群落名称	探测深度（cm）	体积含水量（%）
2010	11	MQDZH02ABC_01	柽柳群落	170	4.25
2010	11	MQDZH02ABC_01	柽柳群落	190	4.13
2012	4	MQDZH02ABC_01	柽柳群落	10	沙埋
2012	4	MQDZH02ABC_01	柽柳群落	30	沙埋
2012	4	MQDZH02ABC_01	柽柳群落	50	5.57
2012	4	MQDZH02ABC_01	柽柳群落	70	6.70
2012	4	MQDZH02ABC_01	柽柳群落	90	6.32
2012	4	MQDZH02ABC_01	柽柳群落	110	5.07
2012	4	MQDZH02ABC_01	柽柳群落	130	4.95
2012	4	MQDZH02ABC_01	柽柳群落	150	4.57
2012	4	MQDZH02ABC_01	柽柳群落	170	4.07
2012	4	MQDZH02ABC_01	柽柳群落	190	3.82
2012	5	MQDZH02ABC_01	柽柳群落	10	沙埋
2012	5	MQDZH02ABC_01	柽柳群落	30	沙埋
2012	5	MQDZH02ABC_01	柽柳群落	50	11.87
2012	5	MQDZH02ABC_01	柽柳群落	70	6.34
2012	5	MQDZH02ABC_01	柽柳群落	90	7.94
2012	5	MQDZH02ABC_01	柽柳群落	110	7.08
2012	5	MQDZH02ABC_01	柽柳群落	130	6.22
2012	5	MQDZH02ABC_01	柽柳群落	150	5.85
2012	5	MQDZH02ABC_01	柽柳群落	170	5.36
2012	5	MQDZH02ABC_01	柽柳群落	190	4.99
2012	6	MQDZH02ABC_01	柽柳群落	10	沙埋
2012	6	MQDZH02ABC_01	柽柳群落	30	沙埋
2012	6	MQDZH02ABC_01	柽柳群落	50	3.43
2012	6	MQDZH02ABC_01	柽柳群落	70	5.75
2012	6	MQDZH02ABC_01	柽柳群落	90	6.45
2012	6	MQDZH02ABC_01	柽柳群落	110	6.22
2012	6	MQDZH02ABC_01	柽柳群落	130	5.41
2012	6	MQDZH02ABC_01	柽柳群落	150	5.06
2012	6	MQDZH02ABC_01	柽柳群落	170	4.71
2012	6	MQDZH02ABC_01	柽柳群落	190	4.48
2012	7	MQDZH02ABC_01	柽柳群落	10	沙埋

（续）

年份	月份	样地代码	群落名称	探测深度（cm）	体积含水量（%）
2012	7	MQDZH02ABC_01	柽柳群落	30	沙埋
2012	7	MQDZH02ABC_01	柽柳群落	50	6.45
2012	7	MQDZH02ABC_01	柽柳群落	70	9.20
2012	7	MQDZH02ABC_01	柽柳群落	90	9.83
2012	7	MQDZH02ABC_01	柽柳群落	110	10.20
2012	7	MQDZH02ABC_01	柽柳群落	130	9.83
2012	7	MQDZH02ABC_01	柽柳群落	150	6.58
2012	7	MQDZH02ABC_01	柽柳群落	170	7.20
2012	7	MQDZH02ABC_01	柽柳群落	190	5.45
2012	9	MQDZH02ABC_01	柽柳群落	10	沙埋
2012	9	MQDZH02ABC_01	柽柳群落	30	10.63
2012	9	MQDZH02ABC_01	柽柳群落	50	12.51
2012	9	MQDZH02ABC_01	柽柳群落	70	7.74
2012	9	MQDZH02ABC_01	柽柳群落	90	6.86
2012	9	MQDZH02ABC_01	柽柳群落	110	6.23
2012	9	MQDZH02ABC_01	柽柳群落	130	5.60
2012	9	MQDZH02ABC_01	柽柳群落	150	5.22
2012	9	MQDZH02ABC_01	柽柳群落	170	5.10
2012	9	MQDZH02ABC_01	柽柳群落	190	/
2012	10	MQDZH02ABC_01	柽柳群落	10	2.69
2012	10	MQDZH02ABC_01	柽柳群落	30	3.02
2012	10	MQDZH02ABC_01	柽柳群落	50	4.25
2012	10	MQDZH02ABC_01	柽柳群落	70	5.85
2012	10	MQDZH02ABC_01	柽柳群落	90	6.22
2012	10	MQDZH02ABC_01	柽柳群落	110	5.48
2012	10	MQDZH02ABC_01	柽柳群落	130	5.24
2012	10	MQDZH02ABC_01	柽柳群落	150	4.50
2012	10	MQDZH02ABC_01	柽柳群落	170	4.01
2012	10	MQDZH02ABC_01	柽柳群落	190	4.25
2012	11	MQDZH02ABC_01	柽柳群落	10	2.72
2012	11	MQDZH02ABC_01	柽柳群落	30	2.16
2012	11	MQDZH02ABC_01	柽柳群落	50	3.02
2012	11	MQDZH02ABC_01	柽柳群落	70	3.64

（续）

年份	月份	样地代码	群落名称	探测深度（cm）	体积含水量（％）
2012	11	MQDZH02ABC _ 01	柽柳群落	90	4.75
2012	11	MQDZH02ABC _ 01	柽柳群落	110	4.62
2012	11	MQDZH02ABC _ 01	柽柳群落	130	4.25
2012	11	MQDZH02ABC _ 01	柽柳群落	150	4.13
2012	11	MQDZH02ABC _ 01	柽柳群落	170	3.64
2012	11	MQDZH02ABC _ 01	柽柳群落	190	3.76
2014	4	MQDZH02ABC _ 01	柽柳群落	10	2.45
2014	4	MQDZH02ABC _ 01	柽柳群落	30	3.07
2014	4	MQDZH02ABC _ 01	柽柳群落	50	3.95
2014	4	MQDZH02ABC _ 01	柽柳群落	70	4.20
2014	4	MQDZH02ABC _ 01	柽柳群落	90	4.70
2014	4	MQDZH02ABC _ 01	柽柳群落	110	4.57
2014	4	MQDZH02ABC _ 01	柽柳群落	130	4.32
2014	4	MQDZH02ABC _ 01	柽柳群落	150	4.07
2014	4	MQDZH02ABC _ 01	柽柳群落	170	3.70
2014	4	MQDZH02ABC _ 01	柽柳群落	190	/
2014	5	MQDZH02ABC _ 01	柽柳群落	10	沙埋
2014	5	MQDZH02ABC _ 01	柽柳群落	30	1.99
2014	5	MQDZH02ABC _ 01	柽柳群落	50	2.79
2014	5	MQDZH02ABC _ 01	柽柳群落	70	3.51
2014	5	MQDZH02ABC _ 01	柽柳群落	90	4.01
2014	5	MQDZH02ABC _ 01	柽柳群落	110	4.62
2014	5	MQDZH02ABC _ 01	柽柳群落	130	4.74
2014	5	MQDZH02ABC _ 01	柽柳群落	150	4.50
2014	5	MQDZH02ABC _ 01	柽柳群落	170	4.01
2014	5	MQDZH02ABC _ 01	柽柳群落	190	4.25
2014	6	MQDZH02ABC _ 01	柽柳群落	10	沙埋
2014	6	MQDZH02ABC _ 01	柽柳群落	30	1.69
2014	6	MQDZH02ABC _ 01	柽柳群落	50	3.90
2014	6	MQDZH02ABC _ 01	柽柳群落	70	3.78
2014	6	MQDZH02ABC _ 01	柽柳群落	90	4.48
2014	6	MQDZH02ABC _ 01	柽柳群落	110	5.29
2014	6	MQDZH02ABC _ 01	柽柳群落	130	4.59

（续）

年份	月份	样地代码	群落名称	探测深度（cm）	体积含水量（%）
2014	6	MQDZH02ABC＿01	柽柳群落	150	4.36
2014	6	MQDZH02ABC＿01	柽柳群落	170	3.90
2014	6	MQDZH02ABC＿01	柽柳群落	190	3.08
2014	7	MQDZH02ABC＿01	柽柳群落	10	沙埋
2014	7	MQDZH02ABC＿01	柽柳群落	30	5.58
2014	7	MQDZH02ABC＿01	柽柳群落	50	7.95
2014	7	MQDZH02ABC＿01	柽柳群落	70	4.58
2014	7	MQDZH02ABC＿01	柽柳群落	90	4.95
2014	7	MQDZH02ABC＿01	柽柳群落	110	5.08
2014	7	MQDZH02ABC＿01	柽柳群落	130	4.95
2014	7	MQDZH02ABC＿01	柽柳群落	150	4.20
2014	7	MQDZH02ABC＿01	柽柳群落	170	4.32
2014	7	MQDZH02ABC＿01	柽柳群落	190	3.95
2014	9	MQDZH02ABC＿01	柽柳群落	10	3.52
2014	9	MQDZH02ABC＿01	柽柳群落	30	7.11
2014	9	MQDZH02ABC＿01	柽柳群落	50	5.10
2014	9	MQDZH02ABC＿01	柽柳群落	70	4.22
2014	9	MQDZH02ABC＿01	柽柳群落	90	4.34
2014	9	MQDZH02ABC＿01	柽柳群落	110	4.47
2014	9	MQDZH02ABC＿01	柽柳群落	130	4.09
2014	9	MQDZH02ABC＿01	柽柳群落	150	3.97
2014	9	MQDZH02ABC＿01	柽柳群落	170	3.84
2014	9	MQDZH02ABC＿01	柽柳群落	190	0.00
2014	10	MQDZH02ABC＿01	柽柳群落	10	沙埋
2014	10	MQDZH02ABC＿01	柽柳群落	30	3.78
2014	10	MQDZH02ABC＿01	柽柳群落	50	4.62
2014	10	MQDZH02ABC＿01	柽柳群落	70	4.99
2014	10	MQDZH02ABC＿01	柽柳群落	90	4.25
2014	10	MQDZH02ABC＿01	柽柳群落	110	4.01
2014	10	MQDZH02ABC＿01	柽柳群落	130	4.13
2014	10	MQDZH02ABC＿01	柽柳群落	150	3.89
2014	10	MQDZH02ABC＿01	柽柳群落	170	4.01
2014	10	MQDZH02ABC＿01	柽柳群落	190	3.76

（续）

年份	月份	样地代码	群落名称	探测深度（cm）	体积含水量（%）
2014	11	MQDZH02ABC_01	柽柳群落	10	3.39
2014	11	MQDZH02ABC_01	柽柳群落	30	4.62
2014	11	MQDZH02ABC_01	柽柳群落	50	4.25
2014	11	MQDZH02ABC_01	柽柳群落	70	3.52
2014	11	MQDZH02ABC_01	柽柳群落	90	3.76
2014	11	MQDZH02ABC_01	柽柳群落	110	3.52
2014	11	MQDZH02ABC_01	柽柳群落	130	3.52
2014	11	MQDZH02ABC_01	柽柳群落	150	3.52
2014	11	MQDZH02ABC_01	柽柳群落	170	3.02
2014	11	MQDZH02ABC_01	柽柳群落	190	3.39
2008	4	MQDZH03ABC_01	沙拐枣群落	10	2.16
2008	4	MQDZH03ABC_01	沙拐枣群落	30	2.31
2008	4	MQDZH03ABC_01	沙拐枣群落	50	1.35
2008	4	MQDZH03ABC_01	沙拐枣群落	70	1.35
2008	4	MQDZH03ABC_01	沙拐枣群落	90	1.16
2008	4	MQDZH03ABC_01	沙拐枣群落	110	1.35
2008	4	MQDZH03ABC_01	沙拐枣群落	130	2.50
2008	4	MQDZH03ABC_01	沙拐枣群落	150	6.72
2008	4	MQDZH03ABC_01	沙拐枣群落	170	6.72
2008	4	MQDZH03ABC_01	沙拐枣群落	190	8.44
2008	5	MQDZH03ABC_01	沙拐枣群落	10	2.13
2008	5	MQDZH03ABC_01	沙拐枣群落	30	3.10
2008	5	MQDZH03ABC_01	沙拐枣群落	50	3.10
2008	5	MQDZH03ABC_01	沙拐枣群落	70	2.74
2008	5	MQDZH03ABC_01	沙拐枣群落	90	2.92
2008	5	MQDZH03ABC_01	沙拐枣群落	110	2.19
2008	5	MQDZH03ABC_01	沙拐枣群落	130	4.38
2008	5	MQDZH03ABC_01	沙拐枣群落	150	8.56
2008	5	MQDZH03ABC_01	沙拐枣群落	170	8.38
2008	5	MQDZH03ABC_01	沙拐枣群落	190	9.29
2008	6	MQDZH03ABC_01	沙拐枣群落	10	沙埋
2008	6	MQDZH03ABC_01	沙拐枣群落	30	2.41
2008	6	MQDZH03ABC_01	沙拐枣群落	50	2.60

（续）

年份	月份	样地代码	群落名称	探测深度（cm）	体积含水量（%）
2008	6	MQDZH03ABC_01	沙拐枣群落	70	2.80
2008	6	MQDZH03ABC_01	沙拐枣群落	90	2.60
2008	6	MQDZH03ABC_01	沙拐枣群落	110	2.80
2008	6	MQDZH03ABC_01	沙拐枣群落	130	2.80
2008	6	MQDZH03ABC_01	沙拐枣群落	150	6.78
2008	6	MQDZH03ABC_01	沙拐枣群落	170	8.37
2008	6	MQDZH03ABC_01	沙拐枣群落	190	10.56
2008	7	MQDZH03ABC_01	沙拐枣群落	10	沙埋
2008	7	MQDZH03ABC_01	沙拐枣群落	30	3.44
2008	7	MQDZH03ABC_01	沙拐枣群落	50	2.22
2008	7	MQDZH03ABC_01	沙拐枣群落	70	3.33
2008	7	MQDZH03ABC_01	沙拐枣群落	90	3.52
2008	7	MQDZH03ABC_01	沙拐枣群落	110	3.15
2008	7	MQDZH03ABC_01	沙拐枣群落	130	2.96
2008	7	MQDZH03ABC_01	沙拐枣群落	150	4.44
2008	7	MQDZH03ABC_01	沙拐枣群落	170	9.60
2008	7	MQDZH03ABC_01	沙拐枣群落	190	9.05
2008	11	MQDZH03ABC_01	沙拐枣群落	10	沙埋
2008	11	MQDZH03ABC_01	沙拐枣群落	30	4.04
2008	11	MQDZH03ABC_01	沙拐枣群落	50	2.50
2008	11	MQDZH03ABC_01	沙拐枣群落	70	2.12
2008	11	MQDZH03ABC_01	沙拐枣群落	90	1.54
2008	11	MQDZH03ABC_01	沙拐枣群落	110	1.74
2008	11	MQDZH03ABC_01	沙拐枣群落	130	2.50
2008	11	MQDZH03ABC_01	沙拐枣群落	150	8.06
2008	11	MQDZH03ABC_01	沙拐枣群落	170	7.29
2008	11	MQDZH03ABC_01	沙拐枣群落	190	10.74
2010	4	MQDZH03ABC_01	沙拐枣群落	10	沙埋
2010	4	MQDZH03ABC_01	沙拐枣群落	30	2.33
2010	4	MQDZH03ABC_01	沙拐枣群落	50	3.84
2010	4	MQDZH03ABC_01	沙拐枣群落	70	3.46
2010	4	MQDZH03ABC_01	沙拐枣群落	90	1.74
2010	4	MQDZH03ABC_01	沙拐枣群落	110	1.16

（续）

年份	月份	样地代码	群落名称	探测深度（cm）	体积含水量（%）
2010	4	MQDZH03ABC_01	沙拐枣群落	130	1.97
2010	4	MQDZH03ABC_01	沙拐枣群落	150	2.69
2010	4	MQDZH03ABC_01	沙拐枣群落	170	7.10
2010	4	MQDZH03ABC_01	沙拐枣群落	190	6.14
2010	5	MQDZH03ABC_01	沙拐枣群落	10	2.11
2010	5	MQDZH03ABC_01	沙拐枣群落	30	3.10
2010	5	MQDZH03ABC_01	沙拐枣群落	50	3.47
2010	5	MQDZH03ABC_01	沙拐枣群落	70	2.01
2010	5	MQDZH03ABC_01	沙拐枣群落	90	2.01
2010	5	MQDZH03ABC_01	沙拐枣群落	110	1.65
2010	5	MQDZH03ABC_01	沙拐枣群落	130	3.65
2010	5	MQDZH03ABC_01	沙拐枣群落	150	7.65
2010	5	MQDZH03ABC_01	沙拐枣群落	170	7.29
2010	5	MQDZH03ABC_01	沙拐枣群落	190	8.38
2010	6	MQDZH03ABC_01	沙拐枣群落	10	沙埋
2010	6	MQDZH03ABC_01	沙拐枣群落	30	2.66
2010	6	MQDZH03ABC_01	沙拐枣群落	50	3.40
2010	6	MQDZH03ABC_01	沙拐枣群落	70	3.99
2010	6	MQDZH03ABC_01	沙拐枣群落	90	2.80
2010	6	MQDZH03ABC_01	沙拐枣群落	110	2.20
2010	6	MQDZH03ABC_01	沙拐枣群落	130	2.00
2010	6	MQDZH03ABC_01	沙拐枣群落	150	3.59
2010	6	MQDZH03ABC_01	沙拐枣群落	170	8.17
2010	6	MQDZH03ABC_01	沙拐枣群落	190	8.57
2010	7	MQDZH03ABC_01	沙拐枣群落	10	沙埋
2010	7	MQDZH03ABC_01	沙拐枣群落	30	2.72
2010	7	MQDZH03ABC_01	沙拐枣群落	50	2.41
2010	7	MQDZH03ABC_01	沙拐枣群落	70	3.52
2010	7	MQDZH03ABC_01	沙拐枣群落	90	3.15
2010	7	MQDZH03ABC_01	沙拐枣群落	110	2.22
2010	7	MQDZH03ABC_01	沙拐枣群落	130	2.41
2010	7	MQDZH03ABC_01	沙拐枣群落	150	4.07
2010	7	MQDZH03ABC_01	沙拐枣群落	170	8.86

（续）

年份	月份	样地代码	群落名称	探测深度（cm）	体积含水量（%）
2010	7	MQDZH03ABC_01	沙拐枣群落	190	8.31
2010	8	MQDZH03ABC_01	沙拐枣群落	10	沙埋
2010	8	MQDZH03ABC_01	沙拐枣群落	30	3.84
2010	8	MQDZH03ABC_01	沙拐枣群落	50	2.12
2010	8	MQDZH03ABC_01	沙拐枣群落	70	3.46
2010	8	MQDZH03ABC_01	沙拐枣群落	90	2.69
2010	8	MQDZH03ABC_01	沙拐枣群落	110	2.50
2010	8	MQDZH03ABC_01	沙拐枣群落	130	2.12
2010	8	MQDZH03ABC_01	沙拐枣群落	150	5.19
2010	8	MQDZH03ABC_01	沙拐枣群落	170	8.64
2010	8	MQDZH03ABC_01	沙拐枣群落	190	8.64
2010	9	MQDZH03ABC_01	沙拐枣群落	10	沙埋
2010	9	MQDZH03ABC_01	沙拐枣群落	30	2.18
2010	9	MQDZH03ABC_01	沙拐枣群落	50	1.34
2010	9	MQDZH03ABC_01	沙拐枣群落	70	2.48
2010	9	MQDZH03ABC_01	沙拐枣群落	90	1.91
2010	9	MQDZH03ABC_01	沙拐枣群落	110	1.91
2010	9	MQDZH03ABC_01	沙拐枣群落	130	2.29
2010	9	MQDZH03ABC_01	沙拐枣群落	150	4.56
2010	9	MQDZH03ABC_01	沙拐枣群落	170	7.41
2010	9	MQDZH03ABC_01	沙拐枣群落	190	8.73
2010	11	MQDZH03ABC_01	沙拐枣群落	10	2.35
2010	11	MQDZH03ABC_01	沙拐枣群落	30	3.80
2010	11	MQDZH03ABC_01	沙拐枣群落	50	5.32
2010	11	MQDZH03ABC_01	沙拐枣群落	70	3.04
2010	11	MQDZH03ABC_01	沙拐枣群落	90	2.29
2010	11	MQDZH03ABC_01	沙拐枣群落	110	2.29
2010	11	MQDZH03ABC_01	沙拐枣群落	130	1.91
2010	11	MQDZH03ABC_01	沙拐枣群落	150	3.04
2010	11	MQDZH03ABC_01	沙拐枣群落	170	8.73
2010	11	MQDZH03ABC_01	沙拐枣群落	190	7.41
2012	4	MQDZH03ABC_01	沙拐枣群落	10	2.72
2012	4	MQDZH03ABC_01	沙拐枣群落	30	2.97

（续）

年份	月份	样地代码	群落名称	探测深度（cm）	体积含水量（%）
2012	4	MQDZH03ABC＿01	沙拐枣群落	50	5.57
2012	4	MQDZH03ABC＿01	沙拐枣群落	70	8.06
2012	4	MQDZH03ABC＿01	沙拐枣群落	90	6.34
2012	4	MQDZH03ABC＿01	沙拐枣群落	110	3.84
2012	4	MQDZH03ABC＿01	沙拐枣群落	130	1.54
2012	4	MQDZH03ABC＿01	沙拐枣群落	150	2.69
2012	4	MQDZH03ABC＿01	沙拐枣群落	170	8.25
2012	4	MQDZH03ABC＿01	沙拐枣群落	190	7.68
2012	5	MQDZH03ABC＿01	沙拐枣群落	10	沙埋
2012	5	MQDZH03ABC＿01	沙拐枣群落	30	2.17
2012	5	MQDZH03ABC＿01	沙拐枣群落	50	3.10
2012	5	MQDZH03ABC＿01	沙拐枣群落	70	6.02
2012	5	MQDZH03ABC＿01	沙拐枣群落	90	6.93
2012	5	MQDZH03ABC＿01	沙拐枣群落	110	6.20
2012	5	MQDZH03ABC＿01	沙拐枣群落	130	3.65
2012	5	MQDZH03ABC＿01	沙拐枣群落	150	2.56
2012	5	MQDZH03ABC＿01	沙拐枣群落	170	4.92
2012	5	MQDZH03ABC＿01	沙拐枣群落	190	8.93
2012	6	MQDZH03ABC＿01	沙拐枣群落	10	沙埋
2012	6	MQDZH03ABC＿01	沙拐枣群落	30	2.78
2012	6	MQDZH03ABC＿01	沙拐枣群落	50	3.40
2012	6	MQDZH03ABC＿01	沙拐枣群落	70	5.78
2012	6	MQDZH03ABC＿01	沙拐枣群落	90	6.98
2012	6	MQDZH03ABC＿01	沙拐枣群落	110	5.39
2012	6	MQDZH03ABC＿01	沙拐枣群落	130	3.40
2012	6	MQDZH03ABC＿01	沙拐枣群落	150	3.20
2012	6	MQDZH03ABC＿01	沙拐枣群落	170	6.78
2012	6	MQDZH03ABC＿01	沙拐枣群落	190	9.17
2012	7	MQDZH03ABC＿01	沙拐枣群落	10	沙埋
2012	7	MQDZH03ABC＿01	沙拐枣群落	30	3.44
2012	7	MQDZH03ABC＿01	沙拐枣群落	50	3.88
2012	7	MQDZH03ABC＿01	沙拐枣群落	70	3.70
2012	7	MQDZH03ABC＿01	沙拐枣群落	90	4.81

（续）

年份	月份	样地代码	群落名称	探测深度（cm）	体积含水量（%）
2012	7	MQDZH03ABC＿01	沙拐枣群落	110	4.81
2012	7	MQDZH03ABC＿01	沙拐枣群落	130	4.07
2012	7	MQDZH03ABC＿01	沙拐枣群落	150	3.70
2012	7	MQDZH03ABC＿01	沙拐枣群落	170	4.99
2012	7	MQDZH03ABC＿01	沙拐枣群落	190	9.42
2012	9	MQDZH03ABC＿01	沙拐枣群落	10	沙埋
2012	9	MQDZH03ABC＿01	沙拐枣群落	30	5.57
2012	9	MQDZH03ABC＿01	沙拐枣群落	50	8.25
2012	9	MQDZH03ABC＿01	沙拐枣群落	70	7.10
2012	9	MQDZH03ABC＿01	沙拐枣群落	90	4.61
2012	9	MQDZH03ABC＿01	沙拐枣群落	110	4.42
2012	9	MQDZH03ABC＿01	沙拐枣群落	130	4.23
2012	9	MQDZH03ABC＿01	沙拐枣群落	150	3.08
2012	9	MQDZH03ABC＿01	沙拐枣群落	170	6.14
2012	9	MQDZH03ABC＿01	沙拐枣群落	190	10.36
2012	10	MQDZH03ABC＿01	沙拐枣群落	10	2.46
2012	10	MQDZH03ABC＿01	沙拐枣群落	30	1.34
2012	10	MQDZH03ABC＿01	沙拐枣群落	50	2.67
2012	10	MQDZH03ABC＿01	沙拐枣群落	70	3.80
2012	10	MQDZH03ABC＿01	沙拐枣群落	90	4.18
2012	10	MQDZH03ABC＿01	沙拐枣群落	110	3.80
2012	10	MQDZH03ABC＿01	沙拐枣群落	130	2.67
2012	10	MQDZH03ABC＿01	沙拐枣群落	150	3.42
2012	10	MQDZH03ABC＿01	沙拐枣群落	170	8.92
2012	10	MQDZH03ABC＿01	沙拐枣群落	190	8.54
2012	11	MQDZH03ABC＿01	沙拐枣群落	10	沙埋
2012	11	MQDZH03ABC＿01	沙拐枣群落	30	2.20
2012	11	MQDZH03ABC＿01	沙拐枣群落	50	2.96
2012	11	MQDZH03ABC＿01	沙拐枣群落	70	1.72
2012	11	MQDZH03ABC＿01	沙拐枣群落	90	2.10
2012	11	MQDZH03ABC＿01	沙拐枣群落	110	2.29
2012	11	MQDZH03ABC＿01	沙拐枣群落	130	2.86
2012	11	MQDZH03ABC＿01	沙拐枣群落	150	2.10

（续）

年份	月份	样地代码	群落名称	探测深度（cm）	体积含水量（%）
2012	11	MQDZH03ABC _ 01	沙拐枣群落	170	5.70
2012	11	MQDZH03ABC _ 01	沙拐枣群落	190	7.97
2014	4	MQDZH03ABC _ 01	沙拐枣群落	10	2.12
2014	4	MQDZH03ABC _ 01	沙拐枣群落	30	2.89
2014	4	MQDZH03ABC _ 01	沙拐枣群落	50	2.50
2014	4	MQDZH03ABC _ 01	沙拐枣群落	70	2.31
2014	4	MQDZH03ABC _ 01	沙拐枣群落	90	2.50
2014	4	MQDZH03ABC _ 01	沙拐枣群落	110	2.69
2014	4	MQDZH03ABC _ 01	沙拐枣群落	130	2.12
2014	4	MQDZH03ABC _ 01	沙拐枣群落	150	3.65
2014	4	MQDZH03ABC _ 01	沙拐枣群落	170	9.21
2014	4	MQDZH03ABC _ 01	沙拐枣群落	190	8.06
2014	5	MQDZH03ABC _ 01	沙拐枣群落	10	沙埋
2014	5	MQDZH03ABC _ 01	沙拐枣群落	30	1.72
2014	5	MQDZH03ABC _ 01	沙拐枣群落	50	1.65
2014	5	MQDZH03ABC _ 01	沙拐枣群落	70	3.10
2014	5	MQDZH03ABC _ 01	沙拐枣群落	90	2.74
2014	5	MQDZH03ABC _ 01	沙拐枣群落	110	2.56
2014	5	MQDZH03ABC _ 01	沙拐枣群落	130	2.56
2014	5	MQDZH03ABC _ 01	沙拐枣群落	150	2.92
2014	5	MQDZH03ABC _ 01	沙拐枣群落	170	6.02
2014	5	MQDZH03ABC _ 01	沙拐枣群落	190	8.56
2014	6	MQDZH03ABC _ 01	沙拐枣群落	10	沙埋
2014	6	MQDZH03ABC _ 01	沙拐枣群落	30	1.53
2014	6	MQDZH03ABC _ 01	沙拐枣群落	50	2.59
2014	6	MQDZH03ABC _ 01	沙拐枣群落	70	2.00
2014	6	MQDZH03ABC _ 01	沙拐枣群落	90	3.00
2014	6	MQDZH03ABC _ 01	沙拐枣群落	110	2.60
2014	6	MQDZH03ABC _ 01	沙拐枣群落	130	3.00
2014	6	MQDZH03ABC _ 01	沙拐枣群落	150	2.40
2014	6	MQDZH03ABC _ 01	沙拐枣群落	170	3.79
2014	6	MQDZH03ABC _ 01	沙拐枣群落	190	9.37
2014	7	MQDZH03ABC _ 01	沙拐枣群落	10	沙埋

（续）

年份	月份	样地代码	群落名称	探测深度（cm）	体积含水量（%）
2014	7	MQDZH03ABC_01	沙拐枣群落	30	2.04
2014	7	MQDZH03ABC_01	沙拐枣群落	50	3.33
2014	7	MQDZH03ABC_01	沙拐枣群落	70	4.99
2014	7	MQDZH03ABC_01	沙拐枣群落	90	3.33
2014	7	MQDZH03ABC_01	沙拐枣群落	110	3.33
2014	7	MQDZH03ABC_01	沙拐枣群落	130	2.78
2014	7	MQDZH03ABC_01	沙拐枣群落	150	2.96
2014	7	MQDZH03ABC_01	沙拐枣群落	170	7.20
2014	7	MQDZH03ABC_01	沙拐枣群落	190	8.86
2014	9	MQDZH03ABC_01	沙拐枣群落	10	沙埋
2014	9	MQDZH03ABC_01	沙拐枣群落	30	2.15
2014	9	MQDZH03ABC_01	沙拐枣群落	50	3.61
2014	9	MQDZH03ABC_01	沙拐枣群落	70	3.99
2014	9	MQDZH03ABC_01	沙拐枣群落	90	2.86
2014	9	MQDZH03ABC_01	沙拐枣群落	110	2.67
2014	9	MQDZH03ABC_01	沙拐枣群落	130	2.86
2014	9	MQDZH03ABC_01	沙拐枣群落	150	2.67
2014	9	MQDZH03ABC_01	沙拐枣群落	170	7.03
2014	9	MQDZH03ABC_01	沙拐枣群落	190	8.35
2014	10	MQDZH03ABC_01	沙拐枣群落	10	沙埋
2014	10	MQDZH03ABC_01	沙拐枣群落	30	2.56
2014	10	MQDZH03ABC_01	沙拐枣群落	50	1.72
2014	10	MQDZH03ABC_01	沙拐枣群落	70	2.67
2014	10	MQDZH03ABC_01	沙拐枣群落	90	2.86
2014	10	MQDZH03ABC_01	沙拐枣群落	110	2.67
2014	10	MQDZH03ABC_01	沙拐枣群落	130	1.91
2014	10	MQDZH03ABC_01	沙拐枣群落	150	2.48
2014	10	MQDZH03ABC_01	沙拐枣群落	170	6.08
2014	10	MQDZH03ABC_01	沙拐枣群落	190	7.97
2014	11	MQDZH03ABC_01	沙拐枣群落	10	1.73
2014	11	MQDZH03ABC_01	沙拐枣群落	30	1.34
2014	11	MQDZH03ABC_01	沙拐枣群落	50	2.10
2014	11	MQDZH03ABC_01	沙拐枣群落	70	2.67

（续）

年份	月份	样地代码	群落名称	探测深度（cm）	体积含水量（%）
2014	11	MQDZH03ABC_01	沙拐枣群落	90	1.91
2014	11	MQDZH03ABC_01	沙拐枣群落	110	2.10
2014	11	MQDZH03ABC_01	沙拐枣群落	130	1.72
2014	11	MQDZH03ABC_01	沙拐枣群落	150	2.67
2014	11	MQDZH03ABC_01	沙拐枣群落	170	8.35
2014	11	MQDZH03ABC_01	沙拐枣群落	190	7.41
2008	4	MQDZH04ABC_01	白刺群落	10	3.06
2008	4	MQDZH04ABC_01	白刺群落	30	6.42
2008	4	MQDZH04ABC_01	白刺群落	50	9.86
2008	4	MQDZH04ABC_01	白刺群落	70	9.67
2008	4	MQDZH04ABC_01	白刺群落	90	8.39
2008	4	MQDZH04ABC_01	白刺群落	110	6.28
2008	4	MQDZH04ABC_01	白刺群落	130	4.17
2008	4	MQDZH04ABC_01	白刺群落	150	3.71
2008	4	MQDZH04ABC_01	白刺群落	170	3.71
2008	4	MQDZH04ABC_01	白刺群落	190	4.44
2008	5	MQDZH04ABC_01	白刺群落	10	3.86
2008	5	MQDZH04ABC_01	白刺群落	30	13.90
2008	5	MQDZH04ABC_01	白刺群落	50	12.75
2008	5	MQDZH04ABC_01	白刺群落	70	12.12
2008	5	MQDZH04ABC_01	白刺群落	90	10.52
2008	5	MQDZH04ABC_01	白刺群落	110	8.83
2008	5	MQDZH04ABC_01	白刺群落	130	5.01
2008	5	MQDZH04ABC_01	白刺群落	150	5.90
2008	5	MQDZH04ABC_01	白刺群落	170	3.94
2008	5	MQDZH04ABC_01	白刺群落	190	5.54
2008	6	MQDZH04ABC_01	白刺群落	10	2.40
2008	6	MQDZH04ABC_01	白刺群落	30	2.12
2008	6	MQDZH04ABC_01	白刺群落	50	1.48
2008	6	MQDZH04ABC_01	白刺群落	70	1.21
2008	6	MQDZH04ABC_01	白刺群落	90	1.30
2008	6	MQDZH04ABC_01	白刺群落	110	1.12
2008	6	MQDZH04ABC_01	白刺群落	130	1.21

（续）

年份	月份	样地代码	群落名称	探测深度（cm）	体积含水量（%）
2008	6	MQDZH04ABC_01	白刺群落	150	1.21
2008	6	MQDZH04ABC_01	白刺群落	170	1.39
2008	6	MQDZH04ABC_01	白刺群落	190	2.39
2008	7	MQDZH04ABC_01	白刺群落	10	2.84
2008	7	MQDZH04ABC_01	白刺群落	30	2.06
2008	7	MQDZH04ABC_01	白刺群落	50	1.29
2008	7	MQDZH04ABC_01	白刺群落	70	1.38
2008	7	MQDZH04ABC_01	白刺群落	90	1.38
2008	7	MQDZH04ABC_01	白刺群落	110	1.29
2008	7	MQDZH04ABC_01	白刺群落	130	1.20
2008	7	MQDZH04ABC_01	白刺群落	150	1.29
2008	7	MQDZH04ABC_01	白刺群落	170	1.56
2008	7	MQDZH04ABC_01	白刺群落	190	2.64
2008	9	MQDZH04ABC_01	白刺群落	10	2.14
2008	9	MQDZH04ABC_01	白刺群落	30	1.21
2008	9	MQDZH04ABC_01	白刺群落	50	1.26
2008	9	MQDZH04ABC_01	白刺群落	70	1.17
2008	9	MQDZH04ABC_01	白刺群落	90	1.17
2008	9	MQDZH04ABC_01	白刺群落	110	1.17
2008	9	MQDZH04ABC_01	白刺群落	130	1.26
2008	9	MQDZH04ABC_01	白刺群落	150	1.34
2008	9	MQDZH04ABC_01	白刺群落	170	1.43
2008	9	MQDZH04ABC_01	白刺群落	190	3.96
2008	11	MQDZH04ABC_01	白刺群落	10	1.59
2008	11	MQDZH04ABC_01	白刺群落	30	1.84
2008	11	MQDZH04ABC_01	白刺群落	50	1.10
2008	11	MQDZH04ABC_01	白刺群落	70	1.93
2008	11	MQDZH04ABC_01	白刺群落	90	1.93
2008	11	MQDZH04ABC_01	白刺群落	110	1.10
2008	11	MQDZH04ABC_01	白刺群落	130	1.93
2008	11	MQDZH04ABC_01	白刺群落	150	1.10
2008	11	MQDZH04ABC_01	白刺群落	170	1.10
2008	11	MQDZH04ABC_01	白刺群落	190	3.43

（续）

年份	月份	样地代码	群落名称	探测深度（cm）	体积含水量（%）
2010	4	MQDZH04ABC _ 01	白刺群落	10	1.79
2010	4	MQDZH04ABC _ 01	白刺群落	30	1.52
2010	4	MQDZH04ABC _ 01	白刺群落	50	1.68
2010	4	MQDZH04ABC _ 01	白刺群落	70	1.58
2010	4	MQDZH04ABC _ 01	白刺群落	90	1.77
2010	4	MQDZH04ABC _ 01	白刺群落	110	1.86
2010	4	MQDZH04ABC _ 01	白刺群落	130	1.77
2010	4	MQDZH04ABC _ 01	白刺群落	150	1.86
2010	4	MQDZH04ABC _ 01	白刺群落	170	1.86
2010	4	MQDZH04ABC _ 01	白刺群落	190	1.96
2010	5	MQDZH04ABC _ 01	白刺群落	10	1.30
2010	5	MQDZH04ABC _ 01	白刺群落	30	0.97
2010	5	MQDZH04ABC _ 01	白刺群落	50	0.92
2010	5	MQDZH04ABC _ 01	白刺群落	70	1.01
2010	5	MQDZH04ABC _ 01	白刺群落	90	0.92
2010	5	MQDZH04ABC _ 01	白刺群落	110	1.10
2010	5	MQDZH04ABC _ 01	白刺群落	130	1.19
2010	5	MQDZH04ABC _ 01	白刺群落	150	1.10
2010	5	MQDZH04ABC _ 01	白刺群落	170	1.19
2010	5	MQDZH04ABC _ 01	白刺群落	190	3.68
2010	6	MQDZH04ABC _ 01	白刺群落	10	1.05
2010	6	MQDZH04ABC _ 01	白刺群落	30	0.84
2010	6	MQDZH04ABC _ 01	白刺群落	50	0.85
2010	6	MQDZH04ABC _ 01	白刺群落	70	1.21
2010	6	MQDZH04ABC _ 01	白刺群落	90	1.30
2010	6	MQDZH04ABC _ 01	白刺群落	110	1.39
2010	6	MQDZH04ABC _ 01	白刺群落	130	1.12
2010	6	MQDZH04ABC _ 01	白刺群落	150	1.12
2010	6	MQDZH04ABC _ 01	白刺群落	170	1.03
2010	6	MQDZH04ABC _ 01	白刺群落	190	3.47
2010	7	MQDZH04ABC _ 01	白刺群落	10	1.50
2010	7	MQDZH04ABC _ 01	白刺群落	30	0.95
2010	7	MQDZH04ABC _ 01	白刺群落	50	1.02

（续）

年份	月份	样地代码	群落名称	探测深度（cm）	体积含水量（%）
2010	7	MQDZH04ABC_01	白刺群落	70	1.38
2010	7	MQDZH04ABC_01	白刺群落	90	1.29
2010	7	MQDZH04ABC_01	白刺群落	110	1.20
2010	7	MQDZH04ABC_01	白刺群落	130	1.38
2010	7	MQDZH04ABC_01	白刺群落	150	1.11
2010	7	MQDZH04ABC_01	白刺群落	170	1.47
2010	7	MQDZH04ABC_01	白刺群落	190	3.63
2010	8	MQDZH04ABC_01	白刺群落	10	1.28
2010	8	MQDZH04ABC_01	白刺群落	30	0.82
2010	8	MQDZH04ABC_01	白刺群落	50	0.64
2010	8	MQDZH04ABC_01	白刺群落	70	1.17
2010	8	MQDZH04ABC_01	白刺群落	90	1.26
2010	8	MQDZH04ABC_01	白刺群落	110	1.26
2010	8	MQDZH04ABC_01	白刺群落	130	1.17
2010	8	MQDZH04ABC_01	白刺群落	150	1.34
2010	8	MQDZH04ABC_01	白刺群落	170	1.61
2010	8	MQDZH04ABC_01	白刺群落	190	4.14
2010	9	MQDZH04ABC_01	白刺群落	10	1.40
2010	9	MQDZH04ABC_01	白刺群落	30	0.75
2010	9	MQDZH04ABC_01	白刺群落	50	0.48
2010	9	MQDZH04ABC_01	白刺群落	70	0.84
2010	9	MQDZH04ABC_01	白刺群落	90	1.10
2010	9	MQDZH04ABC_01	白刺群落	110	1.28
2010	9	MQDZH04ABC_01	白刺群落	130	1.10
2010	9	MQDZH04ABC_01	白刺群落	150	1.19
2010	9	MQDZH04ABC_01	白刺群落	170	1.37
2010	9	MQDZH04ABC_01	白刺群落	190	3.43
2010	11	MQDZH04ABC_01	白刺群落	10	0.95
2010	11	MQDZH04ABC_01	白刺群落	30	1.10
2010	11	MQDZH04ABC_01	白刺群落	50	0.86
2010	11	MQDZH04ABC_01	白刺群落	70	0.75
2010	11	MQDZH04ABC_01	白刺群落	90	0.84
2010	11	MQDZH04ABC_01	白刺群落	110	0.93

（续）

年份	月份	样地代码	群落名称	探测深度（cm）	体积含水量（%）
2010	11	MQDZH04ABC_01	白刺群落	130	1.02
2010	11	MQDZH04ABC_01	白刺群落	150	1.02
2010	11	MQDZH04ABC_01	白刺群落	170	1.10
2010	11	MQDZH04ABC_01	白刺群落	190	3.25
2012	4	MQDZH04ABC_01	白刺群落	10	1.25
2012	4	MQDZH04ABC_01	白刺群落	30	1.40
2012	4	MQDZH04ABC_01	白刺群落	50	1.78
2012	4	MQDZH04ABC_01	白刺群落	70	1.78
2012	4	MQDZH04ABC_01	白刺群落	90	1.59
2012	4	MQDZH04ABC_01	白刺群落	110	1.69
2012	4	MQDZH04ABC_01	白刺群落	130	1.41
2012	4	MQDZH04ABC_01	白刺群落	150	1.69
2012	4	MQDZH04ABC_01	白刺群落	170	1.59
2012	4	MQDZH04ABC_01	白刺群落	190	4.53
2012	5	MQDZH04ABC_01	白刺群落	10	1.48
2012	5	MQDZH04ABC_01	白刺群落	30	0.74
2012	5	MQDZH04ABC_01	白刺群落	50	1.10
2012	5	MQDZH04ABC_01	白刺群落	70	1.37
2012	5	MQDZH04ABC_01	白刺群落	90	1.28
2012	5	MQDZH04ABC_01	白刺群落	110	1.37
2012	5	MQDZH04ABC_01	白刺群落	130	1.28
2012	5	MQDZH04ABC_01	白刺群落	150	1.28
2012	5	MQDZH04ABC_01	白刺群落	170	1.46
2012	5	MQDZH04ABC_01	白刺群落	190	3.41
2012	6	MQDZH04ABC_01	白刺群落	10	1.50
2012	6	MQDZH04ABC_01	白刺群落	30	0.93
2012	6	MQDZH04ABC_01	白刺群落	50	1.12
2012	6	MQDZH04ABC_01	白刺群落	70	1.66
2012	6	MQDZH04ABC_01	白刺群落	90	1.39
2012	6	MQDZH04ABC_01	白刺群落	110	1.39
2012	6	MQDZH04ABC_01	白刺群落	130	1.30
2012	6	MQDZH04ABC_01	白刺群落	150	1.39
2012	6	MQDZH04ABC_01	白刺群落	170	1.66

（续）

年份	月份	样地代码	群落名称	探测深度（cm）	体积含水量（%）
2012	6	MQDZH04ABC_01	白刺群落	190	3.83
2012	7	MQDZH04ABC_01	白刺群落	10	0.78
2012	7	MQDZH04ABC_01	白刺群落	30	1.74
2012	7	MQDZH04ABC_01	白刺群落	50	1.29
2012	7	MQDZH04ABC_01	白刺群落	70	1.56
2012	7	MQDZH04ABC_01	白刺群落	90	1.38
2012	7	MQDZH04ABC_01	白刺群落	110	1.38
2012	7	MQDZH04ABC_01	白刺群落	130	1.47
2012	7	MQDZH04ABC_01	白刺群落	150	1.56
2012	7	MQDZH04ABC_01	白刺群落	170	1.74
2012	7	MQDZH04ABC_01	白刺群落	190	4.18
2012	9	MQDZH04ABC_01	白刺群落	10	3.50
2012	9	MQDZH04ABC_01	白刺群落	30	5.06
2012	9	MQDZH04ABC_01	白刺群落	50	12.88
2012	9	MQDZH04ABC_01	白刺群落	70	12.62
2012	9	MQDZH04ABC_01	白刺群落	90	10.78
2012	9	MQDZH04ABC_01	白刺群落	110	9.56
2012	9	MQDZH04ABC_01	白刺群落	130	5.45
2012	9	MQDZH04ABC_01	白刺群落	150	6.50
2012	9	MQDZH04ABC_01	白刺群落	170	3.27
2012	9	MQDZH04ABC_01	白刺群落	190	5.63
2012	10	MQDZH04ABC_01	白刺群落	10	1.04
2012	10	MQDZH04ABC_01	白刺群落	30	0.82
2012	10	MQDZH04ABC_01	白刺群落	50	1.19
2012	10	MQDZH04ABC_01	白刺群落	70	1.37
2012	10	MQDZH04ABC_01	白刺群落	90	1.19
2012	10	MQDZH04ABC_01	白刺群落	110	1.37
2012	10	MQDZH04ABC_01	白刺群落	130	1.28
2012	10	MQDZH04ABC_01	白刺群落	150	1.55
2012	10	MQDZH04ABC_01	白刺群落	170	1.46
2012	10	MQDZH04ABC_01	白刺群落	190	4.32
2012	11	MQDZH04ABC_01	白刺群落	10	0.82
2012	11	MQDZH04ABC_01	白刺群落	30	0.85

（续）

年份	月份	样地代码	群落名称	探测深度（cm）	体积含水量（%）
2012	11	MQDZH04ABC_01	白刺群落	50	0.75
2012	11	MQDZH04ABC_01	白刺群落	70	0.93
2012	11	MQDZH04ABC_01	白刺群落	90	0.93
2012	11	MQDZH04ABC_01	白刺群落	110	0.84
2012	11	MQDZH04ABC_01	白刺群落	130	0.75
2012	11	MQDZH04ABC_01	白刺群落	150	0.93
2012	11	MQDZH04ABC_01	白刺群落	170	1.10
2012	11	MQDZH04ABC_01	白刺群落	190	沙埋
2014	4	MQDZH04ABC_01	白刺群落	10	0.81
2014	4	MQDZH04ABC_01	白刺群落	30	0.76
2014	4	MQDZH04ABC_01	白刺群落	50	0.68
2014	4	MQDZH04ABC_01	白刺群落	70	1.41
2014	4	MQDZH04ABC_01	白刺群落	90	3.06
2014	4	MQDZH04ABC_01	白刺群落	110	5.18
2014	4	MQDZH04ABC_01	白刺群落	130	1.78
2014	4	MQDZH04ABC_01	白刺群落	150	1.23
2014	4	MQDZH04ABC_01	白刺群落	170	4.90
2014	4	MQDZH04ABC_01	白刺群落	190	5.36
2014	5	MQDZH04ABC_01	白刺群落	10	1.30
2014	5	MQDZH04ABC_01	白刺群落	30	0.83
2014	5	MQDZH04ABC_01	白刺群落	50	0.92
2014	5	MQDZH04ABC_01	白刺群落	70	1.28
2014	5	MQDZH04ABC_01	白刺群落	90	1.46
2014	5	MQDZH04ABC_01	白刺群落	110	1.46
2014	5	MQDZH04ABC_01	白刺群落	130	1.46
2014	5	MQDZH04ABC_01	白刺群落	150	1.63
2014	5	MQDZH04ABC_01	白刺群落	170	1.81
2014	5	MQDZH04ABC_01	白刺群落	190	3.50
2014	6	MQDZH04ABC_01	白刺群落	10	1.59
2014	6	MQDZH04ABC_01	白刺群落	30	0.81
2014	6	MQDZH04ABC_01	白刺群落	50	0.99
2014	6	MQDZH04ABC_01	白刺群落	70	1.12
2014	6	MQDZH04ABC_01	白刺群落	90	1.21

（续）

年份	月份	样地代码	群落名称	探测深度（cm）	体积含水量（%）
2014	6	MQDZH04ABC_01	白刺群落	110	1.48
2014	6	MQDZH04ABC_01	白刺群落	130	1.39
2014	6	MQDZH04ABC_01	白刺群落	150	1.48
2014	6	MQDZH04ABC_01	白刺群落	170	1.48
2014	6	MQDZH04ABC_01	白刺群落	190	4.47
2014	7	MQDZH04ABC_01	白刺群落	10	1.50
2014	7	MQDZH04ABC_01	白刺群落	30	0.83
2014	7	MQDZH04ABC_01	白刺群落	50	0.84
2014	7	MQDZH04ABC_01	白刺群落	70	1.20
2014	7	MQDZH04ABC_01	白刺群落	90	1.56
2014	7	MQDZH04ABC_01	白刺群落	110	1.38
2014	7	MQDZH04ABC_01	白刺群落	130	1.65
2014	7	MQDZH04ABC_01	白刺群落	150	1.38
2014	7	MQDZH04ABC_01	白刺群落	170	1.74
2014	7	MQDZH04ABC_01	白刺群落	190	4.63
2014	9	MQDZH04ABC_01	白刺群落	10	1.22
2014	9	MQDZH04ABC_01	白刺群落	30	0.86
2014	9	MQDZH04ABC_01	白刺群落	50	1.02
2014	9	MQDZH04ABC_01	白刺群落	70	1.37
2014	9	MQDZH04ABC_01	白刺群落	90	1.28
2014	9	MQDZH04ABC_01	白刺群落	110	1.37
2014	9	MQDZH04ABC_01	白刺群落	130	1.55
2014	9	MQDZH04ABC_01	白刺群落	150	1.46
2014	9	MQDZH04ABC_01	白刺群落	170	1.73
2014	9	MQDZH04ABC_01	白刺群落	190	1.02
2014	10	MQDZH04ABC_01	白刺群落	10	1.04
2014	10	MQDZH04ABC_01	白刺群落	30	0.81
2014	10	MQDZH04ABC_01	白刺群落	50	0.75
2014	10	MQDZH04ABC_01	白刺群落	70	0.75
2014	10	MQDZH04ABC_01	白刺群落	90	0.93
2014	10	MQDZH04ABC_01	白刺群落	110	1.10
2014	10	MQDZH04ABC_01	白刺群落	130	1.28
2014	10	MQDZH04ABC_01	白刺群落	150	1.02

（续）

年份	月份	样地代码	群落名称	探测深度（cm）	体积含水量（%）
2014	10	MQDZH04ABC＿01	白刺群落	170	1.55
2014	10	MQDZH04ABC＿01	白刺群落	190	沙埋
2014	11	MQDZH04ABC＿01	白刺群落	10	0.81
2014	11	MQDZH04ABC＿01	白刺群落	30	0.82
2014	11	MQDZH04ABC＿01	白刺群落	50	0.66
2014	11	MQDZH04ABC＿01	白刺群落	70	1.02
2014	11	MQDZH04ABC＿01	白刺群落	90	0.93
2014	11	MQDZH04ABC＿01	白刺群落	110	1.02
2014	11	MQDZH04ABC＿01	白刺群落	130	1.10
2014	11	MQDZH04ABC＿01	白刺群落	150	1.19
2014	11	MQDZH04ABC＿01	白刺群落	170	1.37
2014	11	MQDZH04ABC＿01	白刺群落	190	4.05
2008	5	MQDZH05ABC＿01	沙蒿群落	10	2.43
2008	5	MQDZH05ABC＿01	沙蒿群落	30	2.97
2008	5	MQDZH05ABC＿01	沙蒿群落	50	1.46
2008	5	MQDZH05ABC＿01	沙蒿群落	70	2.11
2008	5	MQDZH05ABC＿01	沙蒿群落	90	3.84
2008	5	MQDZH05ABC＿01	沙蒿群落	110	9.03
2008	5	MQDZH05ABC＿01	沙蒿群落	130	4.05
2008	5	MQDZH05ABC＿01	沙蒿群落	150	2.32
2008	5	MQDZH05ABC＿01	沙蒿群落	170	3.19
2008	5	MQDZH05ABC＿01	沙蒿群落	190	4.05
2008	6	MQDZH05ABC＿01	沙蒿群落	10	3.08
2008	6	MQDZH05ABC＿01	沙蒿群落	30	4.70
2008	6	MQDZH05ABC＿01	沙蒿群落	50	6.40
2008	6	MQDZH05ABC＿01	沙蒿群落	70	8.55
2008	6	MQDZH05ABC＿01	沙蒿群落	90	8.12
2008	6	MQDZH05ABC＿01	沙蒿群落	110	22.76
2008	6	MQDZH05ABC＿01	沙蒿群落	130	15.01
2008	6	MQDZH05ABC＿01	沙蒿群落	150	3.17
2008	6	MQDZH05ABC＿01	沙蒿群落	170	2.10
2008	6	MQDZH05ABC＿01	沙蒿群落	190	6.62
2008	7	MQDZH05ABC＿01	沙蒿群落	10	2.06

（续）

年份	月份	样地代码	群落名称	探测深度（cm）	体积含水量（%）
2008	7	MQDZH05ABC_01	沙蒿群落	30	2.53
2008	7	MQDZH05ABC_01	沙蒿群落	50	1.56
2008	7	MQDZH05ABC_01	沙蒿群落	70	3.18
2008	7	MQDZH05ABC_01	沙蒿群落	90	4.57
2008	7	MQDZH05ABC_01	沙蒿群落	110	11.07
2008	7	MQDZH05ABC_01	沙蒿群落	130	5.50
2008	7	MQDZH05ABC_01	沙蒿群落	150	3.18
2008	7	MQDZH05ABC_01	沙蒿群落	170	3.65
2008	7	MQDZH05ABC_01	沙蒿群落	190	5.73
2008	10	MQDZH05ABC_01	沙蒿群落	10	2.36
2008	10	MQDZH05ABC_01	沙蒿群落	30	9.25
2008	10	MQDZH05ABC_01	沙蒿群落	50	2.73
2008	10	MQDZH05ABC_01	沙蒿群落	70	2.73
2008	10	MQDZH05ABC_01	沙蒿群落	90	11.81
2008	10	MQDZH05ABC_01	沙蒿群落	110	13.91
2008	10	MQDZH05ABC_01	沙蒿群落	130	5.06
2008	10	MQDZH05ABC_01	沙蒿群落	150	2.96
2008	10	MQDZH05ABC_01	沙蒿群落	170	3.43
2008	10	MQDZH05ABC_01	沙蒿群落	190	4.83
2008	11	MQDZH05ABC_01	沙蒿群落	10	2.37
2008	11	MQDZH05ABC_01	沙蒿群落	30	2.91
2008	11	MQDZH05ABC_01	沙蒿群落	50	2.41
2008	11	MQDZH05ABC_01	沙蒿群落	70	2.66
2008	11	MQDZH05ABC_01	沙蒿群落	90	3.65
2008	11	MQDZH05ABC_01	沙蒿群落	110	9.60
2008	11	MQDZH05ABC_01	沙蒿群落	130	7.62
2008	11	MQDZH05ABC_01	沙蒿群落	150	2.66
2008	11	MQDZH05ABC_01	沙蒿群落	170	2.91
2008	11	MQDZH05ABC_01	沙蒿群落	190	4.15
2010	4	MQDZH05ABC_01	沙蒿群落	10	2.90
2010	4	MQDZH05ABC_01	沙蒿群落	30	1.49
2010	4	MQDZH05ABC_01	沙蒿群落	50	2.59
2010	4	MQDZH05ABC_01	沙蒿群落	70	1.46

（续）

年份	月份	样地代码	群落名称	探测深度（cm）	体积含水量（%）
2010	4	MQDZH05ABC_01	沙蒿群落	90	2.32
2010	4	MQDZH05ABC_01	沙蒿群落	110	7.30
2010	4	MQDZH05ABC_01	沙蒿群落	130	4.70
2010	4	MQDZH05ABC_01	沙蒿群落	150	1.46
2010	4	MQDZH05ABC_01	沙蒿群落	170	1.67
2010	4	MQDZH05ABC_01	沙蒿群落	190	3.62
2010	5	MQDZH05ABC_01	沙蒿群落	10	1.35
2010	5	MQDZH05ABC_01	沙蒿群落	30	2.49
2010	5	MQDZH05ABC_01	沙蒿群落	50	1.45
2010	5	MQDZH05ABC_01	沙蒿群落	70	2.74
2010	5	MQDZH05ABC_01	沙蒿群落	90	4.89
2010	5	MQDZH05ABC_01	沙蒿群落	110	9.63
2010	5	MQDZH05ABC_01	沙蒿群落	130	4.46
2010	5	MQDZH05ABC_01	沙蒿群落	150	3.39
2010	5	MQDZH05ABC_01	沙蒿群落	170	3.17
2010	5	MQDZH05ABC_01	沙蒿群落	190	4.89
2010	6	MQDZH05ABC_01	沙蒿群落	10	1.45
2010	6	MQDZH05ABC_01	沙蒿群落	30	1.10
2010	6	MQDZH05ABC_01	沙蒿群落	50	2.72
2010	6	MQDZH05ABC_01	沙蒿群落	70	3.65
2010	6	MQDZH05ABC_01	沙蒿群落	90	6.43
2010	6	MQDZH05ABC_01	沙蒿群落	110	11.30
2010	6	MQDZH05ABC_01	沙蒿群落	130	4.34
2010	6	MQDZH05ABC_01	沙蒿群落	150	3.65
2010	6	MQDZH05ABC_01	沙蒿群落	170	3.88
2010	6	MQDZH05ABC_01	沙蒿群落	190	5.50
2010	7	MQDZH05ABC_01	沙蒿群落	10	1.69
2010	7	MQDZH05ABC_01	沙蒿群落	30	2.53
2010	7	MQDZH05ABC_01	沙蒿群落	50	2.27
2010	7	MQDZH05ABC_01	沙蒿群落	70	3.90
2010	7	MQDZH05ABC_01	沙蒿群落	90	5.06
2010	7	MQDZH05ABC_01	沙蒿群落	110	11.11
2010	7	MQDZH05ABC_01	沙蒿群落	130	5.53

（续）

年份	月份	样地代码	群落名称	探测深度（cm）	体积含水量（%）
2010	7	MQDZH05ABC_01	沙蒿群落	150	3.66
2010	7	MQDZH05ABC_01	沙蒿群落	170	3.90
2010	7	MQDZH05ABC_01	沙蒿群落	190	5.76
2010	8	MQDZH05ABC_01	沙蒿群落	10	2.47
2010	8	MQDZH05ABC_01	沙蒿群落	30	3.04
2010	8	MQDZH05ABC_01	沙蒿群落	50	1.42
2010	8	MQDZH05ABC_01	沙蒿群落	70	3.16
2010	8	MQDZH05ABC_01	沙蒿群落	90	4.89
2010	8	MQDZH05ABC_01	沙蒿群落	110	10.34
2010	8	MQDZH05ABC_01	沙蒿群落	130	7.87
2010	8	MQDZH05ABC_01	沙蒿群落	150	3.90
2010	8	MQDZH05ABC_01	沙蒿群落	170	3.65
2010	8	MQDZH05ABC_01	沙蒿群落	190	6.13
2010	9	MQDZH05ABC_01	沙蒿群落	10	2.00
2010	9	MQDZH05ABC_01	沙蒿群落	30	2.35
2010	9	MQDZH05ABC_01	沙蒿群落	50	1.77
2010	9	MQDZH05ABC_01	沙蒿群落	70	3.37
2010	9	MQDZH05ABC_01	沙蒿群落	90	5.43
2010	9	MQDZH05ABC_01	沙蒿群落	110	10.69
2010	9	MQDZH05ABC_01	沙蒿群落	130	5.66
2010	9	MQDZH05ABC_01	沙蒿群落	150	3.37
2010	9	MQDZH05ABC_01	沙蒿群落	170	4.06
2010	9	MQDZH05ABC_01	沙蒿群落	190	5.43
2010	11	MQDZH05ABC_01	沙蒿群落	10	2.96
2010	11	MQDZH05ABC_01	沙蒿群落	30	1.31
2010	11	MQDZH05ABC_01	沙蒿群落	50	8.86
2010	11	MQDZH05ABC_01	沙蒿群落	70	9.09
2010	11	MQDZH05ABC_01	沙蒿群落	90	7.49
2010	11	MQDZH05ABC_01	沙蒿群落	110	19.62
2010	11	MQDZH05ABC_01	沙蒿群落	130	16.41
2010	11	MQDZH05ABC_01	沙蒿群落	150	3.83
2010	11	MQDZH05ABC_01	沙蒿群落	170	1.77
2010	11	MQDZH05ABC_01	沙蒿群落	190	5.43

（续）

年份	月份	样地代码	群落名称	探测深度（cm）	体积含水量（%）
2012	4	MQDZH05ABC_01	沙蒿群落	10	2.65
2012	4	MQDZH05ABC_01	沙蒿群落	30	2.16
2012	4	MQDZH05ABC_01	沙蒿群落	50	2.65
2012	4	MQDZH05ABC_01	沙蒿群落	70	4.05
2012	4	MQDZH05ABC_01	沙蒿群落	90	6.00
2012	4	MQDZH05ABC_01	沙蒿群落	110	10.55
2012	4	MQDZH05ABC_01	沙蒿群落	130	5.14
2012	4	MQDZH05ABC_01	沙蒿群落	150	3.19
2012	4	MQDZH05ABC_01	沙蒿群落	170	3.41
2012	4	MQDZH05ABC_01	沙蒿群落	190	5.14
2012	5	MQDZH05ABC_01	沙蒿群落	10	1.56
2012	5	MQDZH05ABC_01	沙蒿群落	30	2.27
2012	5	MQDZH05ABC_01	沙蒿群落	50	2.53
2012	5	MQDZH05ABC_01	沙蒿群落	70	4.25
2012	5	MQDZH05ABC_01	沙蒿群落	90	7.26
2012	5	MQDZH05ABC_01	沙蒿群落	110	11.14
2012	5	MQDZH05ABC_01	沙蒿群落	130	6.40
2012	5	MQDZH05ABC_01	沙蒿群落	150	3.82
2012	5	MQDZH05ABC_01	沙蒿群落	170	4.25
2012	5	MQDZH05ABC_01	沙蒿群落	190	5.11
2012	6	MQDZH05ABC_01	沙蒿群落	10	2.76
2012	6	MQDZH05ABC_01	沙蒿群落	30	2.15
2012	6	MQDZH05ABC_01	沙蒿群落	50	7.59
2012	6	MQDZH05ABC_01	沙蒿群落	70	3.88
2012	6	MQDZH05ABC_01	沙蒿群落	90	6.66
2012	6	MQDZH05ABC_01	沙蒿群落	110	11.53
2012	6	MQDZH05ABC_01	沙蒿群落	130	6.20
2012	6	MQDZH05ABC_01	沙蒿群落	150	4.11
2012	6	MQDZH05ABC_01	沙蒿群落	170	3.88
2012	6	MQDZH05ABC_01	沙蒿群落	190	5.50
2012	7	MQDZH05ABC_01	沙蒿群落	10	2.53
2012	7	MQDZH05ABC_01	沙蒿群落	30	1.57
2012	7	MQDZH05ABC_01	沙蒿群落	50	3.66

（续）

年份	月份	样地代码	群落名称	探测深度（cm）	体积含水量（%）
2012	7	MQDZH05ABC_01	沙蒿群落	70	5.53
2012	7	MQDZH05ABC_01	沙蒿群落	90	8.79
2012	7	MQDZH05ABC_01	沙蒿群落	110	12.74
2012	7	MQDZH05ABC_01	沙蒿群落	130	6.22
2012	7	MQDZH05ABC_01	沙蒿群落	150	4.36
2012	7	MQDZH05ABC_01	沙蒿群落	170	5.99
2012	7	MQDZH05ABC_01	沙蒿群落	190	8.55
2012	9	MQDZH05ABC_01	沙蒿群落	10	2.78
2012	9	MQDZH05ABC_01	沙蒿群落	30	3.16
2012	9	MQDZH05ABC_01	沙蒿群落	50	4.64
2012	9	MQDZH05ABC_01	沙蒿群落	70	5.14
2012	9	MQDZH05ABC_01	沙蒿群落	90	6.63
2012	9	MQDZH05ABC_01	沙蒿群落	110	13.07
2012	9	MQDZH05ABC_01	沙蒿群落	130	8.61
2012	9	MQDZH05ABC_01	沙蒿群落	150	4.40
2012	9	MQDZH05ABC_01	沙蒿群落	170	4.40
2012	9	MQDZH05ABC_01	沙蒿群落	190	6.38
2012	10	MQDZH05ABC_01	沙蒿群落	10	2.12
2012	10	MQDZH05ABC_01	沙蒿群落	30	2.40
2012	10	MQDZH05ABC_01	沙蒿群落	50	4.29
2012	10	MQDZH05ABC_01	沙蒿群落	70	5.66
2012	10	MQDZH05ABC_01	沙蒿群落	90	7.95
2012	10	MQDZH05ABC_01	沙蒿群落	110	13.21
2012	10	MQDZH05ABC_01	沙蒿群落	130	5.66
2012	10	MQDZH05ABC_01	沙蒿群落	150	4.74
2012	10	MQDZH05ABC_01	沙蒿群落	170	5.66
2012	10	MQDZH05ABC_01	沙蒿群落	190	7.26
2012	11	MQDZH05ABC_01	沙蒿群落	10	3.95
2012	11	MQDZH05ABC_01	沙蒿群落	30	2.75
2012	11	MQDZH05ABC_01	沙蒿群落	50	2.23
2012	11	MQDZH05ABC_01	沙蒿群落	70	3.60
2012	11	MQDZH05ABC_01	沙蒿群落	90	5.89
2012	11	MQDZH05ABC_01	沙蒿群落	110	10.24

（续）

年份	月份	样地代码	群落名称	探测深度（cm）	体积含水量（%）
2012	11	MQDZH05ABC_01	沙蒿群落	130	5.43
2012	11	MQDZH05ABC_01	沙蒿群落	150	3.60
2012	11	MQDZH05ABC_01	沙蒿群落	170	3.37
2012	11	MQDZH05ABC_01	沙蒿群落	190	4.97
2014	4	MQDZH05ABC_01	沙蒿群落	10	2.09
2014	4	MQDZH05ABC_01	沙蒿群落	30	1.14
2014	4	MQDZH05ABC_01	沙蒿群落	50	1.67
2014	4	MQDZH05ABC_01	沙蒿群落	70	2.97
2014	4	MQDZH05ABC_01	沙蒿群落	90	4.05
2014	4	MQDZH05ABC_01	沙蒿群落	110	9.90
2014	4	MQDZH05ABC_01	沙蒿群落	130	5.57
2014	4	MQDZH05ABC_01	沙蒿群落	150	3.19
2014	4	MQDZH05ABC_01	沙蒿群落	170	3.41
2014	4	MQDZH05ABC_01	沙蒿群落	190	4.70
2014	5	MQDZH05ABC_01	沙蒿群落	10	2.37
2014	5	MQDZH05ABC_01	沙蒿群落	30	2.64
2014	5	MQDZH05ABC_01	沙蒿群落	50	1.02
2014	5	MQDZH05ABC_01	沙蒿群落	70	2.74
2014	5	MQDZH05ABC_01	沙蒿群落	90	4.46
2014	5	MQDZH05ABC_01	沙蒿群落	110	10.49
2014	5	MQDZH05ABC_01	沙蒿群落	130	6.83
2014	5	MQDZH05ABC_01	沙蒿群落	150	3.60
2014	5	MQDZH05ABC_01	沙蒿群落	170	4.03
2014	5	MQDZH05ABC_01	沙蒿群落	190	5.11
2014	6	MQDZH05ABC_01	沙蒿群落	10	2.31
2014	6	MQDZH05ABC_01	沙蒿群落	30	2.38
2014	6	MQDZH05ABC_01	沙蒿群落	50	0.87
2014	6	MQDZH05ABC_01	沙蒿群落	70	2.49
2014	6	MQDZH05ABC_01	沙蒿群落	90	4.81
2014	6	MQDZH05ABC_01	沙蒿群落	110	9.91
2014	6	MQDZH05ABC_01	沙蒿群落	130	4.34
2014	6	MQDZH05ABC_01	沙蒿群落	150	3.18
2014	6	MQDZH05ABC_01	沙蒿群落	170	3.88

（续）

年份	月份	样地代码	群落名称	探测深度（cm）	体积含水量（%）
2014	6	MQDZH05ABC_01	沙蒿群落	190	4.81
2014	7	MQDZH05ABC_01	沙蒿群落	10	2.99
2014	7	MQDZH05ABC_01	沙蒿群落	30	2.06
2014	7	MQDZH05ABC_01	沙蒿群落	50	1.80
2014	7	MQDZH05ABC_01	沙蒿群落	70	2.73
2014	7	MQDZH05ABC_01	沙蒿群落	90	6.46
2014	7	MQDZH05ABC_01	沙蒿群落	110	9.95
2014	7	MQDZH05ABC_01	沙蒿群落	130	3.90
2014	7	MQDZH05ABC_01	沙蒿群落	150	3.43
2014	7	MQDZH05ABC_01	沙蒿群落	170	4.36
2014	7	MQDZH05ABC_01	沙蒿群落	190	5.76
2014	9	MQDZH05ABC_01	沙蒿群落	10	2.58
2014	9	MQDZH05ABC_01	沙蒿群落	30	2.40
2014	9	MQDZH05ABC_01	沙蒿群落	50	7.95
2014	9	MQDZH05ABC_01	沙蒿群落	70	2.46
2014	9	MQDZH05ABC_01	沙蒿群落	90	4.74
2014	9	MQDZH05ABC_01	沙蒿群落	110	10.01
2014	9	MQDZH05ABC_01	沙蒿群落	130	4.29
2014	9	MQDZH05ABC_01	沙蒿群落	150	3.14
2014	9	MQDZH05ABC_01	沙蒿群落	170	3.83
2014	9	MQDZH05ABC_01	沙蒿群落	190	0.00
2014	10	MQDZH05ABC_01	沙蒿群落	10	2.29
2014	10	MQDZH05ABC_01	沙蒿群落	30	2.85
2014	10	MQDZH05ABC_01	沙蒿群落	50	2.00
2014	10	MQDZH05ABC_01	沙蒿群落	70	2.23
2014	10	MQDZH05ABC_01	沙蒿群落	90	4.29
2014	10	MQDZH05ABC_01	沙蒿群落	110	10.01
2014	10	MQDZH05ABC_01	沙蒿群落	130	4.74
2014	10	MQDZH05ABC_01	沙蒿群落	150	2.68
2014	10	MQDZH05ABC_01	沙蒿群落	170	3.37
2014	10	MQDZH05ABC_01	沙蒿群落	190	5.43
2014	11	MQDZH05ABC_01	沙蒿群落	10	1.08
2014	11	MQDZH05ABC_01	沙蒿群落	30	2.17

（续）

年份	月份	样地代码	群落名称	探测深度（cm）	体积含水量（%）
2014	11	MQDZH05ABC _ 01	沙蒿群落	50	1.31
2014	11	MQDZH05ABC _ 01	沙蒿群落	70	1.54
2014	11	MQDZH05ABC _ 01	沙蒿群落	90	3.83
2014	11	MQDZH05ABC _ 01	沙蒿群落	110	12.29
2014	11	MQDZH05ABC _ 01	沙蒿群落	130	5.20
2014	11	MQDZH05ABC _ 01	沙蒿群落	150	3.14
2014	11	MQDZH05ABC _ 01	沙蒿群落	170	3.37
2014	11	MQDZH05ABC _ 01	沙蒿群落	190	4.74
2008	5	MQDZH06ABC _ 01	麻黄群落	10	1.59
2008	5	MQDZH06ABC _ 01	麻黄群落	30	1.50
2008	5	MQDZH06ABC _ 01	麻黄群落	50	2.00
2008	5	MQDZH06ABC _ 01	麻黄群落	70	1.17
2008	5	MQDZH06ABC _ 01	麻黄群落	90	0.84
2008	5	MQDZH06ABC _ 01	麻黄群落	110	0.75
2008	5	MQDZH06ABC _ 01	麻黄群落	130	0.84
2008	5	MQDZH06ABC _ 01	麻黄群落	150	1.00
2008	5	MQDZH06ABC _ 01	麻黄群落	170	1.17
2008	5	MQDZH06ABC _ 01	麻黄群落	190	0.75
2008	6	MQDZH06ABC _ 01	麻黄群落	10	0.97
2008	6	MQDZH06ABC _ 01	麻黄群落	30	0.65
2008	6	MQDZH06ABC _ 01	麻黄群落	50	1.46
2008	6	MQDZH06ABC _ 01	麻黄群落	70	1.14
2008	6	MQDZH06ABC _ 01	麻黄群落	90	0.97
2008	6	MQDZH06ABC _ 01	麻黄群落	110	0.97
2008	6	MQDZH06ABC _ 01	麻黄群落	130	0.81
2008	6	MQDZH06ABC _ 01	麻黄群落	150	1.22
2008	6	MQDZH06ABC _ 01	麻黄群落	170	1.38
2008	6	MQDZH06ABC _ 01	麻黄群落	190	1.06
2008	7	MQDZH06ABC _ 01	麻黄群落	10	0.86
2008	7	MQDZH06ABC _ 01	麻黄群落	30	0.61
2008	7	MQDZH06ABC _ 01	麻黄群落	50	1.30
2008	7	MQDZH06ABC _ 01	麻黄群落	70	0.78
2008	7	MQDZH06ABC _ 01	麻黄群落	90	0.78

（续）

年份	月份	样地代码	群落名称	探测深度（cm）	体积含水量（%）
2008	7	MQDZH06ABC_01	麻黄群落	110	0.78
2008	7	MQDZH06ABC_01	麻黄群落	130	1.04
2008	7	MQDZH06ABC_01	麻黄群落	150	1.47
2008	7	MQDZH06ABC_01	麻黄群落	170	1.30
2008	7	MQDZH06ABC_01	麻黄群落	190	0.86
2008	10	MQDZH06ABC_01	麻黄群落	10	1.99
2008	10	MQDZH06ABC_01	麻黄群落	30	4.70
2008	10	MQDZH06ABC_01	麻黄群落	50	1.99
2008	10	MQDZH06ABC_01	麻黄群落	70	1.45
2008	10	MQDZH06ABC_01	麻黄群落	90	0.91
2008	10	MQDZH06ABC_01	麻黄群落	110	0.82
2008	10	MQDZH06ABC_01	麻黄群落	130	1.00
2008	10	MQDZH06ABC_01	麻黄群落	150	1.27
2008	10	MQDZH06ABC_01	麻黄群落	170	1.27
2008	10	MQDZH06ABC_01	麻黄群落	190	1.00
2008	11	MQDZH06ABC_01	麻黄群落	10	1.35
2008	11	MQDZH06ABC_01	麻黄群落	30	1.74
2008	11	MQDZH06ABC_01	麻黄群落	50	2.09
2008	11	MQDZH06ABC_01	麻黄群落	70	1.22
2008	11	MQDZH06ABC_01	麻黄群落	90	0.87
2008	11	MQDZH06ABC_01	麻黄群落	110	0.70
2008	11	MQDZH06ABC_01	麻黄群落	130	0.87
2008	11	MQDZH06ABC_01	麻黄群落	150	0.96
2008	11	MQDZH06ABC_01	麻黄群落	170	1.13
2008	11	MQDZH06ABC_01	麻黄群落	190	0.87
2010	4	MQDZH06ABC_01	麻黄群落	10	1.76
2010	4	MQDZH06ABC_01	麻黄群落	30	1.53
2010	4	MQDZH06ABC_01	麻黄群落	50	1.17
2010	4	MQDZH06ABC_01	麻黄群落	70	1.00
2010	4	MQDZH06ABC_01	麻黄群落	90	0.42
2010	4	MQDZH06ABC_01	麻黄群落	110	0.42
2010	4	MQDZH06ABC_01	麻黄群落	130	0.34
2010	4	MQDZH06ABC_01	麻黄群落	150	0.34

（续）

年份	月份	样地代码	群落名称	探测深度（cm）	体积含水量（%）
2010	4	MQDZH06ABC_01	麻黄群落	170	0.67
2010	4	MQDZH06ABC_01	麻黄群落	190	0.50
2010	5	MQDZH06ABC_01	麻黄群落	10	−0.24
2010	5	MQDZH06ABC_01	麻黄群落	30	0.49
2010	5	MQDZH06ABC_01	麻黄群落	50	1.30
2010	5	MQDZH06ABC_01	麻黄群落	70	0.97
2010	5	MQDZH06ABC_01	麻黄群落	90	0.65
2010	5	MQDZH06ABC_01	麻黄群落	110	0.57
2010	5	MQDZH06ABC_01	麻黄群落	130	0.65
2010	5	MQDZH06ABC_01	麻黄群落	150	0.89
2010	5	MQDZH06ABC_01	麻黄群落	170	1.06
2010	5	MQDZH06ABC_01	麻黄群落	190	0.57
2010	6	MQDZH06ABC_01	麻黄群落	10	1.34
2010	6	MQDZH06ABC_01	麻黄群落	30	0.95
2010	6	MQDZH06ABC_01	麻黄群落	50	1.47
2010	6	MQDZH06ABC_01	麻黄群落	70	1.12
2010	6	MQDZH06ABC_01	麻黄群落	90	0.78
2010	6	MQDZH06ABC_01	麻黄群落	110	0.78
2010	6	MQDZH06ABC_01	麻黄群落	130	0.69
2010	6	MQDZH06ABC_01	麻黄群落	150	1.12
2010	6	MQDZH06ABC_01	麻黄群落	170	0.95
2010	6	MQDZH06ABC_01	麻黄群落	190	0.78
2010	7	MQDZH06ABC_01	麻黄群落	10	1.09
2010	7	MQDZH06ABC_01	麻黄群落	30	1.18
2010	7	MQDZH06ABC_01	麻黄群落	50	1.18
2010	7	MQDZH06ABC_01	麻黄群落	70	1.27
2010	7	MQDZH06ABC_01	麻黄群落	90	1.00
2010	7	MQDZH06ABC_01	麻黄群落	110	1.00
2010	7	MQDZH06ABC_01	麻黄群落	130	1.00
2010	7	MQDZH06ABC_01	麻黄群落	150	1.36
2010	7	MQDZH06ABC_01	麻黄群落	170	1.36
2010	7	MQDZH06ABC_01	麻黄群落	190	1.18
2010	8	MQDZH06ABC_01	麻黄群落	10	1.01

（续）

年份	月份	样地代码	群落名称	探测深度（cm）	体积含水量（%）
2010	8	MQDZH06ABC_01	麻黄群落	30	1.17
2010	8	MQDZH06ABC_01	麻黄群落	50	0.96
2010	8	MQDZH06ABC_01	麻黄群落	70	1.13
2010	8	MQDZH06ABC_01	麻黄群落	90	0.78
2010	8	MQDZH06ABC_01	麻黄群落	110	0.87
2010	8	MQDZH06ABC_01	麻黄群落	130	0.70
2010	8	MQDZH06ABC_01	麻黄群落	150	0.96
2010	8	MQDZH06ABC_01	麻黄群落	170	1.31
2010	8	MQDZH06ABC_01	麻黄群落	190	0.96
2010	9	MQDZH06ABC_01	麻黄群落	10	1.11
2010	9	MQDZH06ABC_01	麻黄群落	30	1.08
2010	9	MQDZH06ABC_01	麻黄群落	50	0.94
2010	9	MQDZH06ABC_01	麻黄群落	70	1.11
2010	9	MQDZH06ABC_01	麻黄群落	90	0.85
2010	9	MQDZH06ABC_01	麻黄群落	110	0.77
2010	9	MQDZH06ABC_01	麻黄群落	130	0.68
2010	9	MQDZH06ABC_01	麻黄群落	150	1.03
2010	9	MQDZH06ABC_01	麻黄群落	170	1.28
2010	9	MQDZH06ABC_01	麻黄群落	190	1.03
2010	11	MQDZH06ABC_01	麻黄群落	10	1.77
2010	11	MQDZH06ABC_01	麻黄群落	30	1.45
2010	11	MQDZH06ABC_01	麻黄群落	50	1.96
2010	11	MQDZH06ABC_01	麻黄群落	70	0.85
2010	11	MQDZH06ABC_01	麻黄群落	90	0.68
2010	11	MQDZH06ABC_01	麻黄群落	110	0.68
2010	11	MQDZH06ABC_01	麻黄群落	130	0.51
2010	11	MQDZH06ABC_01	麻黄群落	150	0.77
2010	11	MQDZH06ABC_01	麻黄群落	170	1.11
2010	11	MQDZH06ABC_01	麻黄群落	190	0.77
2012	4	MQDZH06ABC_01	麻黄群落	10	0.97
2012	4	MQDZH06ABC_01	麻黄群落	30	1.17
2012	4	MQDZH06ABC_01	麻黄群落	50	1.67
2012	4	MQDZH06ABC_01	麻黄群落	70	0.25

（续）

年份	月份	样地代码	群落名称	探测深度（cm）	体积含水量（%）
2012	4	MQDZH06ABC_01	麻黄群落	90	0.83
2012	4	MQDZH06ABC_01	麻黄群落	110	0.75
2012	4	MQDZH06ABC_01	麻黄群落	130	0.67
2012	4	MQDZH06ABC_01	麻黄群落	150	0.84
2012	4	MQDZH06ABC_01	麻黄群落	170	1.25
2012	4	MQDZH06ABC_01	麻黄群落	190	0.84
2012	5	MQDZH06ABC_01	麻黄群落	10	0.70
2012	5	MQDZH06ABC_01	麻黄群落	30	0.77
2012	5	MQDZH06ABC_01	麻黄群落	50	1.62
2012	5	MQDZH06ABC_01	麻黄群落	70	1.62
2012	5	MQDZH06ABC_01	麻黄群落	90	1.38
2012	5	MQDZH06ABC_01	麻黄群落	110	1.06
2012	5	MQDZH06ABC_01	麻黄群落	130	0.73
2012	5	MQDZH06ABC_01	麻黄群落	150	1.14
2012	5	MQDZH06ABC_01	麻黄群落	170	1.46
2012	5	MQDZH06ABC_01	麻黄群落	190	1.06
2012	6	MQDZH06ABC_01	麻黄群落	10	0.86
2012	6	MQDZH06ABC_01	麻黄群落	30	0.97
2012	6	MQDZH06ABC_01	麻黄群落	50	1.30
2012	6	MQDZH06ABC_01	麻黄群落	70	1.30
2012	6	MQDZH06ABC_01	麻黄群落	90	1.12
2012	6	MQDZH06ABC_01	麻黄群落	110	0.95
2012	6	MQDZH06ABC_01	麻黄群落	130	1.04
2012	6	MQDZH06ABC_01	麻黄群落	150	1.21
2012	6	MQDZH06ABC_01	麻黄群落	170	1.38
2012	6	MQDZH06ABC_01	麻黄群落	190	1.21
2012	7	MQDZH06ABC_01	麻黄群落	10	0.75
2012	7	MQDZH06ABC_01	麻黄群落	30	1.36
2012	7	MQDZH06ABC_01	麻黄群落	50	1.99
2012	7	MQDZH06ABC_01	麻黄群落	70	1.63
2012	7	MQDZH06ABC_01	麻黄群落	90	1.45
2012	7	MQDZH06ABC_01	麻黄群落	110	1.27
2012	7	MQDZH06ABC_01	麻黄群落	130	1.27

（续）

年份	月份	样地代码	群落名称	探测深度（cm）	体积含水量（%）
2012	7	MQDZH06ABC_01	麻黄群落	150	1.63
2012	7	MQDZH06ABC_01	麻黄群落	170	1.72
2012	7	MQDZH06ABC_01	麻黄群落	190	1.45
2012	9	MQDZH06ABC_01	麻黄群落	10	0.97
2012	9	MQDZH06ABC_01	麻黄群落	30	2.96
2012	9	MQDZH06ABC_01	麻黄群落	50	0.93
2012	9	MQDZH06ABC_01	麻黄群落	70	2.09
2012	9	MQDZH06ABC_01	麻黄群落	90	1.13
2012	9	MQDZH06ABC_01	麻黄群落	110	1.22
2012	9	MQDZH06ABC_01	麻黄群落	130	1.22
2012	9	MQDZH06ABC_01	麻黄群落	150	1.31
2012	9	MQDZH06ABC_01	麻黄群落	170	1.48
2012	9	MQDZH06ABC_01	麻黄群落	190	1.22
2012	10	MQDZH06ABC_01	麻黄群落	10	0.91
2012	10	MQDZH06ABC_01	麻黄群落	30	1.37
2012	10	MQDZH06ABC_01	麻黄群落	50	2.65
2012	10	MQDZH06ABC_01	麻黄群落	70	2.31
2012	10	MQDZH06ABC_01	麻黄群落	90	1.62
2012	10	MQDZH06ABC_01	麻黄群落	110	1.11
2012	10	MQDZH06ABC_01	麻黄群落	130	1.20
2012	10	MQDZH06ABC_01	麻黄群落	150	1.45
2012	10	MQDZH06ABC_01	麻黄群落	170	1.79
2012	10	MQDZH06ABC_01	麻黄群落	190	1.28
2012	11	MQDZH06ABC_01	麻黄群落	10	0.85
2012	11	MQDZH06ABC_01	麻黄群落	30	0.60
2012	11	MQDZH06ABC_01	麻黄群落	50	1.11
2012	11	MQDZH06ABC_01	麻黄群落	70	1.03
2012	11	MQDZH06ABC_01	麻黄群落	90	0.85
2012	11	MQDZH06ABC_01	麻黄群落	110	0.68
2012	11	MQDZH06ABC_01	麻黄群落	130	0.77
2012	11	MQDZH06ABC_01	麻黄群落	150	0.94
2012	11	MQDZH06ABC_01	麻黄群落	170	1.28
2012	11	MQDZH06ABC_01	麻黄群落	190	0.85

（续）

年份	月份	样地代码	群落名称	探测深度（cm）	体积含水量（%）
2014	4	MQDZH06ABC_01	麻黄群落	10	0.92
2014	4	MQDZH06ABC_01	麻黄群落	30	0.85
2014	4	MQDZH06ABC_01	麻黄群落	50	0.92
2014	4	MQDZH06ABC_01	麻黄群落	70	0.84
2014	4	MQDZH06ABC_01	麻黄群落	90	0.84
2014	4	MQDZH06ABC_01	麻黄群落	110	0.59
2014	4	MQDZH06ABC_01	麻黄群落	130	0.84
2014	4	MQDZH06ABC_01	麻黄群落	150	1.09
2014	4	MQDZH06ABC_01	麻黄群落	170	1.17
2014	4	MQDZH06ABC_01	麻黄群落	190	0.84
2014	5	MQDZH06ABC_01	麻黄群落	10	9.89
2014	5	MQDZH06ABC_01	麻黄群落	30	0.86
2014	5	MQDZH06ABC_01	麻黄群落	50	0.73
2014	5	MQDZH06ABC_01	麻黄群落	70	1.14
2014	5	MQDZH06ABC_01	麻黄群落	90	0.97
2014	5	MQDZH06ABC_01	麻黄群落	110	0.49
2014	5	MQDZH06ABC_01	麻黄群落	130	0.97
2014	5	MQDZH06ABC_01	麻黄群落	150	1.06
2014	5	MQDZH06ABC_01	麻黄群落	170	1.38
2014	5	MQDZH06ABC_01	麻黄群落	190	1.06
2014	6	MQDZH06ABC_01	麻黄群落	10	0.17
2014	6	MQDZH06ABC_01	麻黄群落	30	0.88
2014	6	MQDZH06ABC_01	麻黄群落	50	0.86
2014	6	MQDZH06ABC_01	麻黄群落	70	1.04
2014	6	MQDZH06ABC_01	麻黄群落	90	0.69
2014	6	MQDZH06ABC_01	麻黄群落	110	0.69
2014	6	MQDZH06ABC_01	麻黄群落	130	0.86
2014	6	MQDZH06ABC_01	麻黄群落	150	1.12
2014	6	MQDZH06ABC_01	麻黄群落	170	1.21
2014	6	MQDZH06ABC_01	麻黄群落	190	0.95
2014	7	MQDZH06ABC_01	麻黄群落	10	0.92
2014	7	MQDZH06ABC_01	麻黄群落	30	0.82
2014	7	MQDZH06ABC_01	麻黄群落	50	1.09

（续）

年份	月份	样地代码	群落名称	探测深度（cm）	体积含水量（%）
2014	7	MQDZH06ABC_01	麻黄群落	70	1.00
2014	7	MQDZH06ABC_01	麻黄群落	90	0.82
2014	7	MQDZH06ABC_01	麻黄群落	110	0.91
2014	7	MQDZH06ABC_01	麻黄群落	130	1.18
2014	7	MQDZH06ABC_01	麻黄群落	150	1.36
2014	7	MQDZH06ABC_01	麻黄群落	170	1.18
2014	7	MQDZH06ABC_01	麻黄群落	190	1.09
2014	9	MQDZH06ABC_01	麻黄群落	10	0.88
2014	9	MQDZH06ABC_01	麻黄群落	30	0.94
2014	9	MQDZH06ABC_01	麻黄群落	50	1.45
2014	9	MQDZH06ABC_01	麻黄群落	70	0.94
2014	9	MQDZH06ABC_01	麻黄群落	90	0.85
2014	9	MQDZH06ABC_01	麻黄群落	110	0.77
2014	9	MQDZH06ABC_01	麻黄群落	130	0.94
2014	9	MQDZH06ABC_01	麻黄群落	150	1.20
2014	9	MQDZH06ABC_01	麻黄群落	170	1.20
2014	9	MQDZH06ABC_01	麻黄群落	190	0.00
2014	10	MQDZH06ABC_01	麻黄群落	10	1.56
2014	10	MQDZH06ABC_01	麻黄群落	30	0.85
2014	10	MQDZH06ABC_01	麻黄群落	50	1.62
2014	10	MQDZH06ABC_01	麻黄群落	70	1.11
2014	10	MQDZH06ABC_01	麻黄群落	90	0.94
2014	10	MQDZH06ABC_01	麻黄群落	110	0.68
2014	10	MQDZH06ABC_01	麻黄群落	130	0.94
2014	10	MQDZH06ABC_01	麻黄群落	150	1.11
2014	10	MQDZH06ABC_01	麻黄群落	170	1.45
2014	10	MQDZH06ABC_01	麻黄群落	190	1.03
2014	11	MQDZH06ABC_01	麻黄群落	10	0.85
2014	11	MQDZH06ABC_01	麻黄群落	30	0.68
2014	11	MQDZH06ABC_01	麻黄群落	50	1.28
2014	11	MQDZH06ABC_01	麻黄群落	70	0.68
2014	11	MQDZH06ABC_01	麻黄群落	90	0.77
2014	11	MQDZH06ABC_01	麻黄群落	110	0.60

（续）

年份	月份	样地代码	群落名称	探测深度（cm）	体积含水量（%）
2014	11	MQDZH06ABC _ 01	麻黄群落	130	0.68
2014	11	MQDZH06ABC _ 01	麻黄群落	150	1.03
2014	11	MQDZH06ABC _ 01	麻黄群落	170	1.20
2014	11	MQDZH06ABC _ 01	麻黄群落	190	0.85

3.3.2　地下水位水质数据集

（1）概述

本数据集由民勤站沿绿洲外围至绿洲内部设置的 17 号井地下水位观测场（观测场代码为 MQD-FZ10）、15 号井地下水位观测场（观测场代码为 MQDFZ11）、植物园地下水位观测场（观测场代码为 MQDFZ12）、站院内地下水位观测场（观测场代码为 MQDFZ13）进行长期观测产生。观测井设置于 1986 年，通过在该区域对地下水位、水质的监测，可以动态掌握绿洲边缘到绿洲内部地下水位、水质年际动态变化，进一步研究地下水位、水质变化与植被变化之间的相互关系，保持区域水分平衡，改善沙区生态环境，对发展农业、林业生产具有重要意义。

（2）数据采集及处理方法

民勤站地下水位监测从 1986 年开始采用传统的人工监测方式每月月底对各观测井进行监测，主要以皮尺、测绳等传统的监测设备为主，测定井口固定点至地下水水面的竖直距离，2010 年开始使用地下水位自动监测设备进行测量，人工监测定期进行标定。由于自动监测设备不稳定，2014—2015年个别月份数据有缺失。地下水水质分析测定每年进行 4 次，分别在每季度末进行采样，由于观测井为灌溉水井，采样前先使用抽水泵对观测井抽水，先抽水 5～10 min，然后在井口采集水样。水样带回实验室用滴定法化验分析了 8 大水质离子中的 6 个离子。其中，阳离子有 Ca^{2+}、Mg^{2+}、K^+、Na^+ 4 个，阴离子有 CO_3^{2-}、CHO^{3-}、Cl^-、SO_4^{2-} 4 个。

（3）数据质量控制与评估

民勤站地下水位数据 2010 年前为人工观测，2010 年开始使用地下水位自动监测设备测量，人工监测定期进行标定。观测员每次在现场进行人工观测时，将本次观测数据与上次观测数据进行比对，如果地下水位数据变化比较大，就进行重新测量。地下水水质采样前先使用抽水泵对观测井抽水，先抽水 5～10 min，然后在井口采集水样。水样采集后及时带回实验室由专业分析化验人员进行化验分析。年末形成的地下水位数据集由专家进行最终审核，确保数据集的真实、可靠；纸质原始记录数据表妥善保存，并通过扫描电子版进行备份，以备将来核查。

（4）数据

2007—2015 年地下水水位、水质数据见表 3-12、表 3-13。

表 3-12　2007—2015 年地下水水位数据

年份	月份	样地代码	观测点名称	植被名称	地下水埋深（m）	地面高程（m）
2007	1	MQDFZ10	17 号井	沙枣、二白杨、樟子松	17.95	1 376
2007	1	MQDFZ11	15 号井	二白杨、毛条	19.40	1 379
2007	1	MQDFZ12	植物园井	二白杨、侧柏	21.75	1 382

（续）

年份	月份	样地代码	观测点名称	植被名称	地下水埋深（m）	地面高程（m）
2007	1	MQDFZ13	院内井	二白杨	23.4	1 383
2007	2	MQDFZ10	17 号井	沙枣、二白杨、樟子松	18	1 376
2007	2	MQDFZ11	15 号井	二白杨、毛条	19.46	1 379
2007	2	MQDFZ12	植物园井	二白杨、侧柏	21.33	1 382
2007	2	MQDFZ13	院内井	二白杨	23.35	1 383
2007	3	MQDFZ10	17 号井	沙枣、二白杨、樟子松	17.96	1 376
2007	3	MQDFZ11	15 号井	二白杨、毛条	19.4	1 379
2007	3	MQDFZ12	植物园井	二白杨、侧柏	21.22	1 382
2007	3	MQDFZ13	院内井	二白杨	23.36	1 383
2007	4	MQDFZ10	17 号井	沙枣、二白杨、樟子松	18.1	1 376
2007	4	MQDFZ11	15 号井	二白杨、毛条	19.92	1 379
2007	4	MQDFZ12	植物园井	二白杨、侧柏	21.39	1 382
2007	4	MQDFZ13	院内井	二白杨	23.68	1 383
2007	5	MQDFZ10	17 号井	沙枣、二白杨、樟子松	18.1	1 376
2007	5	MQDFZ11	15 号井	二白杨、毛条	19.85	1 379
2007	5	MQDFZ12	植物园井	二白杨、侧柏	21.84	1 382
2007	5	MQDFZ13	院内井	二白杨	23.87	1 383
2007	6	MQDFZ10	17 号井	沙枣、二白杨、樟子松	18.32	1 376
2007	6	MQDFZ11	15 号井	二白杨、毛条	20	1 379
2007	6	MQDFZ12	植物园井	二白杨、侧柏	22.02	1 382
2007	6	MQDFZ13	院内井	二白杨	24.3	1 383
2007	7	MQDFZ10	17 号井	沙枣、二白杨、樟子松	18.5	1 376
2007	7	MQDFZ11	15 号井	二白杨、毛条	20.23	1 379
2007	7	MQDFZ12	植物园井	二白杨、侧柏	22.44	1 382
2007	7	MQDFZ13	院内井	二白杨	24.5	1 383
2007	8	MQDFZ10	17 号井	沙枣、二白杨、樟子松	18.51	1 376
2007	8	MQDFZ11	15 号井	二白杨、毛条	20.27	1 379
2007	8	MQDFZ12	植物园井	二白杨、侧柏	22.6	1 382
2007	8	MQDFZ13	院内井	二白杨	24.7	1 383
2007	9	MQDFZ10	17 号井	沙枣、二白杨、樟子松	18.5	1 376
2007	9	MQDFZ11	15 号井	二白杨、毛条	20.4	1 379
2007	9	MQDFZ12	植物园井	二白杨、侧柏	22.35	1 382
2007	9	MQDFZ13	院内井	二白杨	24.5	1 383

（续）

年份	月份	样地代码	观测点名称	植被名称	地下水埋深（m）	地面高程（m）
2007	10	MQDFZ10	17 号井	沙枣、二白杨、樟子松	18.46	1 376
2007	10	MQDFZ11	15 号井	二白杨、毛条	20.15	1 379
2007	10	MQDFZ12	植物园井	二白杨、侧柏	22.24	1 382
2007	10	MQDFZ13	院内井	二白杨	24.3	1 383
2007	11	MQDFZ10	17 号井	沙枣、二白杨、樟子松	18.57	1 376
2007	11	MQDFZ11	15 号井	二白杨、毛条	20.25	1 379
2007	11	MQDFZ12	植物园井	二白杨、侧柏	22.26	1 382
2007	11	MQDFZ13	院内井	二白杨	24.38	1 383
2007	12	MQDFZ10	17 号井	沙枣、二白杨、樟子松	18.57	1 376
2007	12	MQDFZ11	15 号井	二白杨、毛条	20.2	1 379
2007	12	MQDFZ12	植物园井	二白杨、侧柏	22.1	1 382
2007	12	MQDFZ13	院内井	二白杨	24.4	1 383
2008	1	MQDFZ10	17 号井	沙枣、二白杨、樟子松	18.6	1 376
2008	1	MQDFZ11	15 号井	二白杨、毛条	20.1	1 379
2008	1	MQDFZ12	植物园井	二白杨、侧柏	21.91	1 382
2008	1	MQDFZ13	院内井	二白杨	24.3	1 383
2008	2	MQDFZ10	17 号井	沙枣、二白杨、樟子松	18.6	1 376
2008	2	MQDFZ11	15 号井	二白杨、毛条	20.14	1 379
2008	2	MQDFZ12	植物园井	二白杨、侧柏	21.85	1 382
2008	2	MQDFZ13	院内井	二白杨	24.1	1 383
2008	3	MQDFZ10	17 号井	沙枣、二白杨、樟子松	18.52	1 376
2008	3	MQDFZ11	15 号井	二白杨、毛条	20.08	1 379
2008	3	MQDFZ12	植物园井	二白杨、侧柏	21.8	1 382
2008	3	MQDFZ13	院内井	二白杨	23.85	1 383
2008	4	MQDFZ10	17 号井	沙枣、二白杨、樟子松	18.6	1 376
2008	4	MQDFZ11	15 号井	二白杨、毛条	20.1	1 379
2008	4	MQDFZ12	植物园井	二白杨、侧柏	22.1	1 382
2008	4	MQDFZ13	院内井	二白杨	24.5	1 383
2008	5	MQDFZ10	17 号井	沙枣、二白杨、樟子松	18.75	1 376
2008	5	MQDFZ11	15 号井	二白杨、毛条	20.2	1 379
2008	5	MQDFZ12	植物园井	二白杨、侧柏	22.4	1 382
2008	5	MQDFZ13	院内井	二白杨	24.4	1 383
2008	6	MQDFZ10	17 号井	沙枣、二白杨、樟子松	18.8	1 376

（续）

年份	月份	样地代码	观测点名称	植被名称	地下水埋深（m）	地面高程（m）
2008	6	MQDFZ11	15号井	二白杨、毛条	20.4	1 379
2008	6	MQDFZ12	植物园井	二白杨、侧柏	22.8	1 382
2008	6	MQDFZ13	院内井	二白杨	24.5	1 383
2008	7	MQDFZ10	17号井	沙枣、二白杨、樟子松	18.95	1 376
2008	7	MQDFZ11	15号井	二白杨、毛条	20.45	1 379
2008	7	MQDFZ12	植物园井	二白杨、侧柏	22.8	1 382
2008	7	MQDFZ13	院内井	二白杨	25.1	1 383
2008	8	MQDFZ10	17号井	沙枣、二白杨、樟子松	19.08	1 376
2008	8	MQDFZ11	15号井	二白杨、毛条	20.55	1 379
2008	8	MQDFZ12	植物园井	二白杨、侧柏	23.06	1 382
2008	8	MQDFZ13	院内井	二白杨	25.34	1 383
2008	9	MQDFZ10	17号井	沙枣、二白杨、樟子松	19	1 376
2008	9	MQDFZ11	15号井	二白杨、毛条		1 379
2008	9	MQDFZ12	植物园井	二白杨、侧柏	23.15	1 382
2008	9	MQDFZ13	院内井	二白杨	25.15	1 383
2008	10	MQDFZ10	17号井	沙枣、二白杨、樟子松	19	1 376
2008	10	MQDFZ11	15号井	二白杨、毛条		1 379
2008	10	MQDFZ12	植物园井	二白杨、侧柏	22.9	1 382
2008	10	MQDFZ13	院内井	二白杨	24.85	1 383
2008	11	MQDFZ10	17号井	沙枣、二白杨、樟子松	19.2	1 376
2008	11	MQDFZ11	15号井	二白杨、毛条	20.85	1 379
2008	11	MQDFZ12	植物园井	二白杨、侧柏	23	1 382
2008	11	MQDFZ13	院内井	二白杨	25	1 383
2008	12	MQDFZ10	17号井	沙枣、二白杨、樟子松	19	1 376
2008	12	MQDFZ11	15号井	二白杨、毛条	20.65	1 379
2008	12	MQDFZ12	植物园井	二白杨、侧柏	22.8	1 382
2008	12	MQDFZ13	院内井	二白杨	24.6	1 383
2009	1	MQDFZ10	17号井	沙枣、二白杨、樟子松	19	1 376
2009	1	MQDFZ11	15号井	二白杨、毛条	20.6	1 379
2009	1	MQDFZ12	植物园井	二白杨、侧柏	22.7	1 382
2009	1	MQDFZ13	院内井	二白杨	24.6	1 383
2009	2	MQDFZ10	17号井	沙枣、二白杨、樟子松	19.08	1 376
2009	2	MQDFZ11	15号井	二白杨、毛条	20.55	1 379

（续）

年份	月份	样地代码	观测点名称	植被名称	地下水埋深（m）	地面高程（m）
2009	2	MQDFZ12	植物园井	二白杨、侧柏	22.45	1 382
2009	2	MQDFZ13	院内井	二白杨	24.55	1 383
2009	3	MQDFZ10	17 号井	沙枣、二白杨、樟子松	19.1	1 376
2009	3	MQDFZ11	15 号井	二白杨、毛条	20.55	1 379
2009	3	MQDFZ12	植物园井	二白杨、侧柏	22.36	1 382
2009	3	MQDFZ13	院内井	二白杨	24.4	1 383
2009	4	MQDFZ10	17 号井	沙枣、二白杨、樟子松	19.25	1 376
2009	4	MQDFZ11	15 号井	二白杨、毛条	20.9	1 379
2009	4	MQDFZ12	植物园井	二白杨、侧柏	23.1	1 382
2009	4	MQDFZ13	院内井	二白杨	24.6	1 383
2009	5	MQDFZ10	17 号井	沙枣、二白杨、樟子松	19.25	1 376
2009	5	MQDFZ11	15 号井	二白杨、毛条	20.9	1 379
2009	5	MQDFZ12	植物园井	二白杨、侧柏	23	1 382
2009	5	MQDFZ13	院内井	二白杨	25.1	1 383
2009	6	MQDFZ10	17 号井	沙枣、二白杨、樟子松	19.6	1 376
2009	6	MQDFZ11	15 号井	二白杨、毛条	21.1	1 379
2009	6	MQDFZ12	植物园井	二白杨、侧柏	23.02	1 382
2009	6	MQDFZ13	院内井	二白杨	25.2	1 383
2009	7	MQDFZ10	17 号井	沙枣、二白杨、樟子松	19.55	1 376
2009	7	MQDFZ11	15 号井	二白杨、毛条	21.4	1 379
2009	7	MQDFZ12	植物园井	二白杨、侧柏	23.5	1 382
2009	7	MQDFZ13	院内井	二白杨	25.6	1 383
2009	8	MQDFZ10	17 号井	沙枣、二白杨、樟子松	19.6	1 376
2009	8	MQDFZ11	15 号井	二白杨、毛条	21.45	1 379
2009	8	MQDFZ12	植物园井	二白杨、侧柏	23.6	1 382
2009	8	MQDFZ13	院内井	二白杨	25.6	1 383
2009	9	MQDFZ10	17 号井	沙枣、二白杨、樟子松	19.59	1 376
2009	9	MQDFZ11	15 号井	二白杨、毛条	21.43	1 379
2009	9	MQDFZ12	植物园井	二白杨、侧柏	23.3	1 382
2009	9	MQDFZ13	院内井	二白杨	25.58	1 383
2009	10	MQDFZ10	17 号井	沙枣、二白杨、樟子松	19.5	1 376
2009	10	MQDFZ11	15 号井	二白杨、毛条	21.25	1 379
2009	10	MQDFZ12	植物园井	二白杨、侧柏	23.4	1 382

（续）

年份	月份	样地代码	观测点名称	植被名称	地下水埋深（m）	地面高程（m）
2009	10	MQDFZ13	院内井	二白杨	25.3	1 383
2009	11	MQDFZ10	17 号井	沙枣、二白杨、樟子松	19.58	1 376
2009	11	MQDFZ11	15 号井	二白杨、毛条	21.25	1 379
2009	11	MQDFZ12	植物园井	二白杨、侧柏	23.72	1 382
2009	11	MQDFZ13	院内井	二白杨	25.28	1 383
2009	12	MQDFZ10	17 号井	沙枣、二白杨、樟子松	19.55	1 376
2009	12	MQDFZ11	15 号井	二白杨、毛条	21.25	1 379
2009	12	MQDFZ12	植物园井	二白杨、侧柏	23.48	1 382
2009	12	MQDFZ13	院内井	二白杨	25.12	1 383
2010	1	MQDFZ10	17 号井	沙枣、二白杨、樟子松	19.5	1 376
2010	1	MQDFZ11	15 号井	二白杨、毛条	21.28	1 379
2010	1	MQDFZ12	植物园井	二白杨、侧柏	23.36	1 382
2010	1	MQDFZ13	院内井	二白杨	24.96	1 383
2010	2	MQDFZ10	17 号井	沙枣、二白杨、樟子松	19.52	1 376
2010	2	MQDFZ11	15 号井	二白杨、毛条	21.34	1 379
2010	2	MQDFZ12	植物园井	二白杨、侧柏	23.3	1 382
2010	2	MQDFZ13	院内井	二白杨	25.14	1 383
2010	3	MQDFZ10	17 号井	沙枣、二白杨、樟子松	19.53	1 376
2010	3	MQDFZ11	15 号井	二白杨、毛条	21.3	1 379
2010	3	MQDFZ12	植物园井	二白杨、侧柏	23.22	1 382
2010	3	MQDFZ13	院内井	二白杨	25.1	1 383
2010	4	MQDFZ10	17 号井	沙枣、二白杨、樟子松	19.6	1 376
2010	4	MQDFZ11	15 号井	二白杨、毛条	21.38	1 379
2010	4	MQDFZ12	植物园井	二白杨、侧柏	23.1	1 382
2010	4	MQDFZ13	院内井	二白杨	25.21	1 383
2010	5	MQDFZ10	17 号井	沙枣、二白杨、樟子松	19.7	1 376
2010	5	MQDFZ11	15 号井	二白杨、毛条	21.5	1 379
2010	5	MQDFZ12	植物园井	二白杨、侧柏	23.04	1 382
2010	5	MQDFZ13	院内井	二白杨	25.43	1 383
2010	6	MQDFZ10	17 号井	沙枣、二白杨、樟子松	19.8	1 376
2010	6	MQDFZ11	15 号井	二白杨、毛条	21.73	1 379
2010	6	MQDFZ12	植物园井	二白杨、侧柏	23.17	1 382
2010	6	MQDFZ13	院内井	二白杨	25.58	1 383

（续）

年份	月份	样地代码	观测点名称	植被名称	地下水埋深（m）	地面高程（m）
2010	7	MQDFZ10	17 号井	沙枣、二白杨、樟子松	19.93	1 376
2010	7	MQDFZ11	15 号井	二白杨、毛条	21.94	1 379
2010	7	MQDFZ12	植物园井	二白杨、侧柏	23.25	1 382
2010	7	MQDFZ13	院内井	二白杨	25	1 383
2010	8	MQDFZ10	17 号井	沙枣、二白杨、樟子松	20.02	1 376
2010	8	MQDFZ11	15 号井	二白杨、毛条	21.95	1 379
2010	8	MQDFZ12	植物园井	二白杨、侧柏	23.39	1 382
2010	8	MQDFZ13	院内井	二白杨	25.16	1 383
2010	9	MQDFZ10	17 号井	沙枣、二白杨、樟子松	19.84	1 376
2010	9	MQDFZ11	15 号井	二白杨、毛条	22.07	1 379
2010	9	MQDFZ12	植物园井	二白杨、侧柏	23.23	1 382
2010	9	MQDFZ13	院内井	二白杨	24.92	1 383
2010	10	MQDFZ10	17 号井	沙枣、二白杨、樟子松	19.8	1 376
2010	10	MQDFZ11	15 号井	二白杨、毛条	22.31	1 379
2010	10	MQDFZ12	植物园井	二白杨、侧柏	23.48	1 382
2010	10	MQDFZ13	院内井	二白杨	24.7	1 383
2010	11	MQDFZ10	17 号井	沙枣、二白杨、樟子松	19.8	1 376
2010	11	MQDFZ11	15 号井	二白杨、毛条	22.72	1 379
2010	11	MQDFZ12	植物园井	二白杨、侧柏	23.33	1 382
2010	11	MQDFZ13	院内井	二白杨	24.79	1 383
2010	12	MQDFZ10	17 号井	沙枣、二白杨、樟子松	19.8	1 376
2010	12	MQDFZ11	15 号井	二白杨、毛条	23.11	1 379
2010	12	MQDFZ12	植物园井	二白杨、侧柏	23.07	1 382
2010	12	MQDFZ13	院内井	二白杨	24.54	1 383
2011	1	MQDFZ10	17 号井	沙枣、二白杨、樟子松	19.78	1 376
2011	1	MQDFZ11	15 号井	二白杨、毛条	20.08	1 379
2011	1	MQDFZ12	植物园井	二白杨、侧柏	23.25	1 382
2011	1	MQDFZ13	院内井	二白杨	25.816	1 383
2011	2	MQDFZ10	17 号井	沙枣、二白杨、樟子松	19.8	1 376
2011	2	MQDFZ11	15 号井	二白杨、毛条	20.49	1 379
2011	2	MQDFZ12	植物园井	二白杨、侧柏	23.18	1 382
2011	2	MQDFZ13	院内井	二白杨	25.706	1 383
2011	3	MQDFZ10	17 号井	沙枣、二白杨、樟子松	19.74	1 376

（续）

年份	月份	样地代码	观测点名称	植被名称	地下水埋深（m）	地面高程（m）
2011	3	MQDFZ11	15 号井	二白杨、毛条	21.02	1 379
2011	3	MQDFZ12	植物园井	二白杨、侧柏	23.1	1 382
2011	3	MQDFZ13	院内井	二白杨	25.576	1 383
2011	4	MQDFZ10	17 号井	沙枣、二白杨、樟子松	19.94	1 376
2011	4	MQDFZ11	15 号井	二白杨、毛条	21.52	1 379
2011	4	MQDFZ12	植物园井	二白杨、侧柏	23.25	1 382
2011	4	MQDFZ13	院内井	二白杨	25.726	1 383
2011	5	MQDFZ10	17 号井	沙枣、二白杨、樟子松	19.94	1 376
2011	5	MQDFZ11	15 号井	二白杨、毛条	21.3	1 379
2011	5	MQDFZ12	植物园井	二白杨、侧柏	23.4	1 382
2011	5	MQDFZ13	院内井	二白杨	25.996	1 383
2011	6	MQDFZ10	17 号井	沙枣、二白杨、樟子松	19.97	1 376
2011	6	MQDFZ11	15 号井	二白杨、毛条	21.95	1 379
2011	6	MQDFZ12	植物园井	二白杨、侧柏	23.6	1 382
2011	6	MQDFZ13	院内井	二白杨	26.266	1 383
2011	7	MQDFZ10	17 号井	沙枣、二白杨、樟子松	20.11	1 376
2011	7	MQDFZ11	15 号井	二白杨、毛条	22.47	1 379
2011	7	MQDFZ12	植物园井	二白杨、侧柏	23.75	1 382
2011	7	MQDFZ13	院内井	二白杨	26.426	1 383
2011	8	MQDFZ10	17 号井	沙枣、二白杨、樟子松	20.06	1 376
2011	8	MQDFZ11	15 号井	二白杨、毛条	22.82	1 379
2011	8	MQDFZ12	植物园井	二白杨、侧柏	23.7	1 382
2011	8	MQDFZ13	院内井	二白杨	26.03	1 383
2011	9	MQDFZ10	17 号井	沙枣、二白杨、樟子松	20.1	1 376
2011	9	MQDFZ11	15 号井	二白杨、毛条	23.27	1 379
2011	9	MQDFZ12	植物园井	二白杨、侧柏	23.63	1 382
2011	9	MQDFZ13	院内井	二白杨	26.306	1 383
2011	10	MQDFZ10	17 号井	沙枣、二白杨、樟子松	19.98	1 376
2011	10	MQDFZ11	15 号井	二白杨、毛条	23.38	1 379
2011	10	MQDFZ12	植物园井	二白杨、侧柏	23.65	1 382
2011	10	MQDFZ13	院内井	二白杨	26.166	1 383
2011	11	MQDFZ10	17 号井	沙枣、二白杨、樟子松	20.1	1 376
2011	11	MQDFZ11	15 号井	二白杨、毛条	24.25	1 379

（续）

年份	月份	样地代码	观测点名称	植被名称	地下水埋深（m）	地面高程（m）
2011	11	MQDFZ12	植物园井	二白杨、侧柏	23.8	1 382
2011	11	MQDFZ13	院内井	二白杨	26.216	1 383
2011	12	MQDFZ10	17 号井	沙枣、二白杨、樟子松	20	1 376
2011	12	MQDFZ11	15 号井	二白杨、毛条	24.47	1 379
2011	12	MQDFZ12	植物园井	二白杨、侧柏	23.54	1 382
2011	12	MQDFZ13	院内井	二白杨	25.966	1 383
2012	1	MQDFZ10	17 号井	沙枣、二白杨、樟子松	20.15	1 376
2012	1	MQDFZ11	15 号井	二白杨、毛条		1 379
2012	1	MQDFZ12	植物园井	二白杨、侧柏	22.74	1 382
2012	1	MQDFZ13	院内井	二白杨	24.73	1 383
2012	2	MQDFZ10	17 号井	沙枣、二白杨、樟子松	19.99	1 376
2012	2	MQDFZ11	15 号井	二白杨、毛条		1 379
2012	2	MQDFZ12	植物园井	二白杨、侧柏	22.66	1 382
2012	2	MQDFZ13	院内井	二白杨	24.62	1 383
2012	3	MQDFZ10	17 号井	沙枣、二白杨、樟子松	20.4	1 376
2012	3	MQDFZ11	15 号井	二白杨、毛条		1 379
2012	3	MQDFZ12	植物园井	二白杨、侧柏	22.54	1 382
2012	3	MQDFZ13	院内井	二白杨	24.48	1 383
2012	4	MQDFZ10	17 号井	沙枣、二白杨、樟子松	20	1 376
2012	4	MQDFZ11	15 号井	二白杨、毛条		1 379
2012	4	MQDFZ12	植物园井	二白杨、侧柏	22.67	1 382
2012	4	MQDFZ13	院内井	二白杨	24.64	1 383
2012	5	MQDFZ10	17 号井	沙枣、二白杨、樟子松	20.2	1 376
2012	5	MQDFZ11	15 号井	二白杨、毛条		1 379
2012	5	MQDFZ12	植物园井	二白杨、侧柏	22.89	1 382
2012	5	MQDFZ13	院内井	二白杨	24.99	1 383
2012	6	MQDFZ10	17 号井	沙枣、二白杨、樟子松	20.02	1 376
2012	6	MQDFZ11	15 号井	二白杨、毛条	21.48	1 379
2012	6	MQDFZ12	植物园井	二白杨、侧柏	23.05	1 382
2012	6	MQDFZ13	院内井	二白杨	25.14	1 383
2012	7	MQDFZ10	17 号井	沙枣、二白杨、樟子松	20.28	1 376
2012	7	MQDFZ11	15 号井	二白杨、毛条		1 379
2012	7	MQDFZ12	植物园井	二白杨、侧柏	23.18	1 382

（续）

年份	月份	样地代码	观测点名称	植被名称	地下水埋深（m）	地面高程（m）
2012	7	MQDFZ13	院内井	二白杨	25.28	1 383
2012	8	MQDFZ10	17 号井	沙枣、二白杨、樟子松	20.32	1 376
2012	8	MQDFZ11	15 号井	二白杨、毛条		1 379
2012	8	MQDFZ12	植物园井	二白杨、侧柏	23.19	1 382
2012	8	MQDFZ13	院内井	二白杨	25.42	1 383
2012	9	MQDFZ10	17 号井	沙枣、二白杨、樟子松	20.35	1 376
2012	9	MQDFZ11	15 号井	二白杨、毛条		1 379
2012	9	MQDFZ12	植物园井	二白杨、侧柏	23.16	1 382
2012	9	MQDFZ13	院内井	二白杨	25.16	1 383
2012	10	MQDFZ10	17 号井	沙枣、二白杨、樟子松	20.4	1 376
2012	10	MQDFZ11	15 号井	二白杨、毛条		1 379
2012	10	MQDFZ12	植物园井	二白杨、侧柏	23.04	1 382
2012	10	MQDFZ13	院内井	二白杨	25.09	1 383
2012	11	MQDFZ10	17 号井	沙枣、二白杨、樟子松	20.3	1 376
2012	11	MQDFZ11	15 号井	二白杨、毛条		1 379
2012	11	MQDFZ12	植物园井	二白杨、侧柏	23.1	1 382
2012	11	MQDFZ13	院内井	二白杨	25.16	1 383
2012	12	MQDFZ10	17 号井	沙枣、二白杨、樟子松	20.24	1 376
2012	12	MQDFZ11	15 号井	二白杨、毛条		1 379
2012	12	MQDFZ12	植物园井	二白杨、侧柏	22.88	1 382
2012	12	MQDFZ13	院内井	二白杨	24.85	1 383
2013	1	MQDFZ10	17 号井	沙枣、二白杨、樟子松	20.37	1 376
2013	1	MQDFZ11	15 号井	二白杨、毛条	21.96	1 379
2013	1	MQDFZ12	植物园井	二白杨、侧柏	23.41	1 382
2013	1	MQDFZ13	院内井	二白杨	25.23	1 383
2013	2	MQDFZ10	17 号井	沙枣、二白杨、樟子松	20.5	1 376
2013	2	MQDFZ11	15 号井	二白杨、毛条	22	1 379
2013	2	MQDFZ12	植物园井	二白杨、侧柏	23.33	1 382
2013	2	MQDFZ13	院内井	二白杨	25.12	1 383
2013	3	MQDFZ10	17 号井	沙枣、二白杨、樟子松	20.6	1 376
2013	3	MQDFZ11	15 号井	二白杨、毛条	21.97	1 379
2013	3	MQDFZ12	植物园井	二白杨、侧柏	23.27	1 382
2013	3	MQDFZ13	院内井	二白杨	25.01	1 383

（续）

年份	月份	样地代码	观测点名称	植被名称	地下水埋深（m）	地面高程（m）
2013	4	MQDFZ10	17 号井	沙枣、二白杨、樟子松	20.5	1 376
2013	4	MQDFZ11	15 号井	二白杨、毛条	21.96	1 379
2013	4	MQDFZ12	植物园井	二白杨、侧柏	23.33	1 382
2013	4	MQDFZ13	院内井	二白杨	25.2	1 383
2013	5	MQDFZ10	17 号井	沙枣、二白杨、樟子松	20.35	1 376
2013	5	MQDFZ11	15 号井	二白杨、毛条	21.97	1 379
2013	5	MQDFZ12	植物园井	二白杨、侧柏	23.65	1 382
2013	5	MQDFZ13	院内井	二白杨	25.42	1 383
2013	6	MQDFZ10	17 号井	沙枣、二白杨、樟子松	20.4	1 376
2013	6	MQDFZ11	15 号井	二白杨、毛条	22	1 379
2013	6	MQDFZ12	植物园井	二白杨、侧柏	23.75	1 382
2013	6	MQDFZ13	院内井	二白杨	25.6	1 383
2013	7	MQDFZ10	17 号井	沙枣、二白杨、樟子松	20.45	1 376
2013	7	MQDFZ11	15 号井	二白杨、毛条	21.98	1 379
2013	7	MQDFZ12	植物园井	二白杨、侧柏	23.85	1 382
2013	7	MQDFZ13	院内井	二白杨	25.76	1 383
2013	8	MQDFZ10	17 号井	沙枣、二白杨、樟子松	20.34	1 376
2013	8	MQDFZ11	15 号井	二白杨、毛条	21.39	1 379
2013	8	MQDFZ12	植物园井	二白杨、侧柏	23.95	1 382
2013	8	MQDFZ13	院内井	二白杨	25.86	1 383
2013	9	MQDFZ10	17 号井	沙枣、二白杨、樟子松	20.35	1 376
2013	9	MQDFZ11	15 号井	二白杨、毛条	21.6	1 379
2013	9	MQDFZ12	植物园井	二白杨、侧柏	24.05	1 382
2013	9	MQDFZ13	院内井	二白杨	25.75	1 383
2013	10	MQDFZ10	17 号井	沙枣、二白杨、樟子松	20.3	1 376
2013	10	MQDFZ11	15 号井	二白杨、毛条	21.73	1 379
2013	10	MQDFZ12	植物园井	二白杨、侧柏	24.07	1 382
2013	10	MQDFZ13	院内井	二白杨	25.62	1 383
2013	11	MQDFZ10	17 号井	沙枣、二白杨、樟子松	20.45	1 376
2013	11	MQDFZ11	15 号井	二白杨、毛条		1 379
2013	11	MQDFZ12	植物园井	二白杨、侧柏		1 382
2013	11	MQDFZ13	院内井	二白杨		1 383
2013	12	MQDFZ10	17 号井	沙枣、二白杨、樟子松		1 376

（续）

年份	月份	样地代码	观测点名称	植被名称	地下水埋深（m）	地面高程（m）
2013	12	MQDFZ11	15 号井	二白杨、毛条		1 379
2013	12	MQDFZ12	植物园井	二白杨、侧柏		1 382
2013	12	MQDFZ13	院内井	二白杨		1 383
2014	1	MQDFZ10	17 号井	沙枣、二白杨、樟子松	20.37	1 376
2014	1	MQDFZ11	15 号井	二白杨、毛条	21.96	1 379
2014	1	MQDFZ12	植物园井	二白杨、侧柏	23.41	1 382
2014	1	MQDFZ13	院内井	二白杨	25.23	1 383
2014	2	MQDFZ10	17 号井	沙枣、二白杨、樟子松	20.5	1 376
2014	2	MQDFZ11	15 号井	二白杨、毛条	22	1 379
2014	2	MQDFZ12	植物园井	二白杨、侧柏	23.33	1 382
2014	2	MQDFZ13	院内井	二白杨	25.12	1 383
2014	3	MQDFZ10	17 号井	沙枣、二白杨、樟子松	20.6	1 376
2014	3	MQDFZ11	15 号井	二白杨、毛条	21.97	1 379
2014	3	MQDFZ12	植物园井	二白杨、侧柏	23.27	1 382
2014	3	MQDFZ13	院内井	二白杨	25.01	1 383
2014	4	MQDFZ10	17 号井	沙枣、二白杨、樟子松	20.5	1 376
2014	4	MQDFZ11	15 号井	二白杨、毛条	21.96	1 379
2014	4	MQDFZ12	植物园井	二白杨、侧柏	23.33	1 382
2014	4	MQDFZ13	院内井	二白杨	25.2	1 383
2014	5	MQDFZ10	17 号井	沙枣、二白杨、樟子松	20.35	1 376
2014	5	MQDFZ11	15 号井	二白杨、毛条	21.97	1 379
2014	5	MQDFZ12	植物园井	二白杨、侧柏	23.65	1 382
2014	5	MQDFZ13	院内井	二白杨	25.42	1 383
2014	6	MQDFZ10	17 号井	沙枣、二白杨、樟子松	20.4	1 376
2014	6	MQDFZ11	15 号井	二白杨、毛条	22	1 379
2014	6	MQDFZ12	植物园井	二白杨、侧柏	23.75	1 382
2014	6	MQDFZ13	院内井	二白杨	25.6	1 383
2014	7	MQDFZ10	17 号井	沙枣、二白杨、樟子松	20.45	1 376
2014	7	MQDFZ11	15 号井	二白杨、毛条	21.98	1 379
2014	7	MQDFZ12	植物园井	二白杨、侧柏	23.85	1 382
2014	7	MQDFZ13	院内井	二白杨	25.76	1 383
2014	8	MQDFZ10	17 号井	沙枣、二白杨、樟子松	20.34	1 376
2014	8	MQDFZ11	15 号井	二白杨、毛条	21.39	1 379

（续）

年份	月份	样地代码	观测点名称	植被名称	地下水埋深（m）	地面高程（m）
2014	8	MQDFZ12	植物园井	二白杨、侧柏	23.95	1 382
2014	8	MQDFZ13	院内井	二白杨	25.86	1 383
2014	9	MQDFZ10	17 号井	沙枣、二白杨、樟子松	20.35	1 376
2014	9	MQDFZ11	15 号井	二白杨、毛条	21.6	1 379
2014	9	MQDFZ12	植物园井	二白杨、侧柏	24.05	1 382
2014	9	MQDFZ13	院内井	二白杨	25.75	1 383
2014	10	MQDFZ10	17 号井	沙枣、二白杨、樟子松	20.3	1 376
2014	10	MQDFZ11	15 号井	二白杨、毛条	21.73	1 379
2014	10	MQDFZ12	植物园井	二白杨、侧柏	24.07	1 382
2014	10	MQDFZ13	院内井	二白杨	25.62	1 383
2014	11	MQDFZ10	17 号井	沙枣、二白杨、樟子松	20.45	1 376
2014	11	MQDFZ11	15 号井	二白杨、毛条		1 379
2014	11	MQDFZ12	植物园井	二白杨、侧柏	24.6	1 382
2014	11	MQDFZ13	院内井	二白杨	25.71	1 383
2014	12	MQDFZ10	17 号井	沙枣、二白杨、樟子松	20.5	1 376
2014	12	MQDFZ11	15 号井	二白杨、毛条		1 379
2014	12	MQDFZ12	植物园井	二白杨、侧柏	24.89	1 382
2014	12	MQDFZ13	院内井	二白杨	25.48	1 383
2015	1	MQDFZ10	17 号井	沙枣、二白杨、樟子松	20.35	1 376
2015	1	MQDFZ11	15 号井	二白杨、毛条		1 379
2015	1	MQDFZ12	植物园井	二白杨、侧柏		1 382
2015	1	MQDFZ13	院内井	二白杨		1 383
2015	2	MQDFZ10	17 号井	沙枣、二白杨、樟子松	20.2	1 376
2015	2	MQDFZ11	15 号井	二白杨、毛条		1 379
2015	2	MQDFZ12	植物园井	二白杨、侧柏		1 382
2015	2	MQDFZ13	院内井	二白杨		1 383
2015	3	MQDFZ10	17 号井	沙枣、二白杨、樟子松	20.25	1 376
2015	3	MQDFZ11	15 号井	二白杨、毛条		1 379
2015	3	MQDFZ12	植物园井	二白杨、侧柏		1 382
2015	3	MQDFZ13	院内井	二白杨		1 383
2015	4	MQDFZ10	17 号井	沙枣、二白杨、樟子松	20.2	1 376
2015	4	MQDFZ11	15 号井	二白杨、毛条		1 379
2015	4	MQDFZ12	植物园井	二白杨、侧柏		1 382

（续）

年份	月份	样地代码	观测点名称	植被名称	地下水埋深（m）	地面高程（m）
2015	4	MQDFZ13	院内井	二白杨		1 383
2015	5	MQDFZ10	17 号井	沙枣、二白杨、樟子松	20.45	1 376
2015	5	MQDFZ11	15 号井	二白杨、毛条		1 379
2015	5	MQDFZ12	植物园井	二白杨、侧柏		1 382
2015	5	MQDFZ13	院内井	二白杨		1 383
2015	6	MQDFZ10	17 号井	沙枣、二白杨、樟子松	20.6	1 376
2015	6	MQDFZ11	15 号井	二白杨、毛条	22.1	1 379
2015	6	MQDFZ12	植物园井	二白杨、侧柏	23.65	1 382
2015	6	MQDFZ13	院内井	二白杨	25.9	1 383
2015	7	MQDFZ10	17 号井	沙枣、二白杨、樟子松	20.36	1 376
2015	7	MQDFZ11	15 号井	二白杨、毛条		1 379
2015	7	MQDFZ12	植物园井	二白杨、侧柏		1 382
2015	7	MQDFZ13	院内井	二白杨		1 383
2015	8	MQDFZ10	17 号井	沙枣、二白杨、樟子松	20.48	1 376
2015	8	MQDFZ11	15 号井	二白杨、毛条		1 379
2015	8	MQDFZ12	植物园井	二白杨、侧柏		1 382
2015	8	MQDFZ13	院内井	二白杨		1 383
2015	9	MQDFZ10	17 号井	沙枣、二白杨、樟子松	20.5	1 376
2015	9	MQDFZ11	15 号井	二白杨、毛条		1 379
2015	9	MQDFZ12	植物园井	二白杨、侧柏		1 382
2015	9	MQDFZ13	院内井	二白杨		1 383
2015	10	MQDFZ10	17 号井	沙枣、二白杨、樟子松	20.3	1 376
2015	10	MQDFZ11	15 号井	二白杨、毛条	22	1 379
2015	10	MQDFZ12	植物园井	二白杨、侧柏	23.8	1 382
2015	10	MQDFZ13	院内井	二白杨	25.65	1 383
2015	11	MQDFZ10	17 号井	沙枣、二白杨、樟子松	20.45	1 376
2015	11	MQDFZ11	15 号井	二白杨、毛条		1 379
2015	11	MQDFZ12	植物园井	二白杨、侧柏		1 382
2015	11	MQDFZ13	院内井	二白杨		1 383
2015	12	MQDFZ10	17 号井	沙枣、二白杨、樟子松	20.35	1 376
2015	12	MQDFZ11	15 号井	二白杨、毛条	22.05	1 379
2015	12	MQDFZ12	植物园井	二白杨、侧柏	23.45	1 382
2015	12	MQDFZ13	院内井	二白杨	25.65	1 383

表 3-13　2007—2015 年地下水水质数据

单位：g/L

样地代码	采样日期	pH	Ca^{2+}	Mg^{2+}	K^+ 和 Na^+	CO_3^{2-}	CHO^{3-}	Cl^-	SO_4^{2-}	全盐量
MQDFZ10	2007/3/28	8.55	0.062 0	0.035 4	0.048 3	0.000 0	0.244 0	0.088 8	0.249 6	0.728 1
MQDFZ11	2007/3/28	8.55	0.046 0	0.030 5	0.112 7	0.000 0	0.244 0	0.042 6	0.216 0	0.691 8
MQDFZ12	2007/3/28	8.43	0.102 0	0.063 4	0.174 8	0.000 0	0.378 2	0.138 4	0.374 4	1.231 2
MQDFZ13	2007/3/28	8.52	0.114 0	0.061 0	0.154 1	0.000 0	0.329 4	0.134 9	0.393 6	1.187 0
MQDFZ10	2007/6/30	8.33	0.052 0	0.030 5	0.075 9	0.000 0	0.231 8	0.049 7	0.153 6	0.593 5
MQDFZ11	2007/6/30	8.35	0.054 0	0.029 3	0.101 2	0.000 0	0.256 2	0.067 5	0.163 2	0.671 4
MQDFZ12	2007/6/30	8.15	0.099 2	0.056 6	0.129 7	0.000 0	0.359 9	0.115 0	0.292 8	1.053 2
MQDFZ13	2007/6/30	8.20	0.104 0	0.057 3	0.108 1	0.000 0	0.326 9	0.118 6	0.283 2	0.998 1
MQDFZ10	2007/9/26	8.00	0.070 0	0.051 2	0.078 2	0.000 0	0.280 6	0.071 0	0.216 0	0.767 0
MQDFZ11	2007/9/26	8.05	0.052 0	0.037 8	0.035 4	0.000 0	0.258 6	0.067 4	0.052 8	0.504 0
MQDFZ12	2007/9/26	8.05	0.086 0	0.045 1	0.089 7	0.000 0	0.305 0	0.078 1	0.225 6	0.829 5
MQDFZ13	2007/9/26	8.00	0.116 0	0.059 8	0.098 0	0.000 0	0.314 8	0.113 6	0.316 8	1.019 0
MQDFZ10	2007/12/27	8.22	0.068 0	0.031 7	0.262 7	0.000 0	0.237 9	0.085 2	0.340 8	1.026 3
MQDFZ11	2007/12/27	8.10	0.050 0	0.030 5	0.151 8	0.000 0	0.237 9	0.071 0	0.273 6	0.814 8
MQDFZ12	2007/12/27	8.15	0.098 0	0.050 0	0.190 9	0.000 0	0.122 0	0.112 0	0.408 0	0.980 9
MQDFZ13	2007/12/27	8.35	0.134 0	0.057 3	0.209 3	0.000 0	0.317 2	0.177 5	0.494 4	1.389 7
MQDFZ10	2008/3/27	8.20	0.066 0	0.035 4	0.073 6	0.000 0	0.237 9	0.095 9	0.134 4	0.643 1
MQDFZ11	2008/3/27	8.22	0.048 0	0.035 4	0.077 3	0.000 0	0.247 7	0.067 5	0.129 6	0.605 4
MQDFZ12	2008/3/27	8.00	0.126 0	0.083 0	0.170 2	0.000 0	0.439 2	0.213 0	0.350 4	1.381 8
MQDFZ13	2008/3/27	8.05	0.122 0	0.063 0	0.096 1	0.000 0	0.319 6	0.147 0	0.292 8	1.041 0
MQDFZ10	2008/6/29	8.51	0.048 0	0.028 1	0.051 5	0.000 0	0.222 0	0.021 3	0.129 6	0.500 5
MQDFZ11	2008/6/29	8.53	0.056 0	0.026 8	0.104 9	0.000 0	0.327 0	0.049 7	0.134 4	0.698 8
MQDFZ12	2008/6/29	8.18	0.106 0	0.062 7	0.163 3	0.000 0	0.414 8	0.145 6	0.318 7	1.211 1
MQDFZ13	2008/6/29	8.32	0.116 0	0.049 0	0.074 5	0.000 0	0.276 9	0.117 2	0.251 5	0.885 4
MQDFZ10	2008/9/28	8.06	0.071 2	0.054 7	0.073 6	0.000 0	0.311 1	0.074 6	0.193 9	0.779 0
MQDFZ11	2008/9/28	8.03	0.046 0	0.040 3	0.131 1	0.000 0	0.268 4	0.092 3	0.206 4	0.784 5
MQDFZ12	2008/9/28	7.71	0.080 0	0.044 7	0.026 7	0.000 0	0.278 2	0.042 6	0.146 9	0.619 0
MQDFZ13	2008/9/28	7.62	0.130 0	0.064 7	0.132 0	0.000 0	0.305 0	0.198 8	0.333 1	1.163 6
MQDFZ10	2008/12/29	8.12	0.064 0	0.041 5	0.036 8	0.000 0	0.231 8	0.078 1	0.105 6	0.557 8
MQDFZ11	2008/12/29	8.00	0.056 0	0.045 1	0.069 0	0.000 0	0.237 9	0.074 6	0.168 0	0.650 6
MQDFZ12	2008/12/29	7.63	0.105 2	0.052 5	0.050 6	0.000 0	0.323 3	0.117 2	0.151 7	0.800 4
MQDFZ13	2008/12/29	7.85	0.136 0	0.080 5	0.112 7	0.000 0	0.305 0	0.195 3	0.374 4	1.203 9

（续）

样地代码	采样日期	pH	Ca²⁺	Mg²⁺	K⁺和Na⁺	CO₃²⁻	CHO³⁻	Cl⁻	SO₄²⁻	全盐量
MQDFZ10	2009/3/26	8.31	0.066 0	0.034 2	0.089 7	0.000 0	0.256 6	0.077 0	0.172 8	0.696 3
MQDFZ11	2009/3/26	7.92	0.048 0	0.026 8	0.075 9	0.000 0	0.262 7	0.049 0	0.105 6	0.568 1
MQDFZ12	2009/3/26	7.55	0.128 0	0.048 8	0.131 1	0.000 0	0.366 6	0.140 0	0.292 8	1.107 3
MQDFZ13	2009/3/26	7.53	0.140 0	0.102 5	0.149 5	0.000 0	0.336 1	0.175 0	0.547 2	1.450 2
MQDFZ10	2009/6/30	7.65	0.034 0	0.022 0	0.046 0	0.024 0	0.128 3	0.038 5	0.072 0	0.364 8
MQDFZ11	2009/6/30	8.05	0.032 0	0.026 8	0.050 6	0.018 0	0.140 5	0.042 0	0.091 2	0.401 2
MQDFZ12	2009/6/30	7.50	0.044 0	0.076 9	0.069 0	0.018 0	0.122 2	0.182 0	0.177 6	0.689 7
MQDFZ13	2009/6/30	7.45	0.066 0	0.063 0	0.057 5	0.018 0	0.103 9	0.147 0	0.214 1	0.669 4
MQDFZ10	2009/9/28	7.93	0.082 0	0.042 7	0.069 0	0.024 0	0.238 3	0.087 5	0.163 2	0.706 7
MQDFZ11	2009/9/28	8.10	0.048 0	0.042 7	0.108 1	0.018 0	0.226 1	0.080 5	0.192 0	0.715 4
MQDFZ12	2009/9/28	7.55	0.108 0	0.068 3	0.133 4	0.018 0	0.311 6	0.147 0	0.331 2	1.117 5
MQDFZ13	2009/9/28	7.50	0.130 0	0.061 0	0.126 5	0.018 0	0.281 1	0.147 0	0.364 8	1.128 4
MQDFZ10	2009/12/30	8.57	0.064 0	0.046 4	0.126 5	0.024 0	0.232 2	0.157 5	0.163 2	0.813 7
MQDFZ11	2009/12/30	8.25	0.050 0	0.036 6	0.144 9	0.012 0	0.238 3	0.094 5	0.230 4	0.806 7
MQDFZ12	2009/12/30	8.55	0.094 0	0.052 5	0.092 0	0.024 0	0.226 1	0.105 0	0.264 0	0.857 5
MQDFZ13	2009/12/30	8.35	0.150 0	0.057 3	0.115 5	0.012 0	0.272 5	0.201 6	0.316 8	1.125 7
MQDFZ10	2010/3/25	8.00	0.062 0	0.035 4	0.075 9	0.000 0	0.250 5	0.077 0	0.144 0	0.644 8
MQDFZ11	2010/3/25	7.70	0.052 0	0.056 1	0.105 8	0.000 0	0.250 5	0.077 0	0.264 0	0.805 4
MQDFZ12	2010/3/25	7.40	0.126 0	0.086 6	0.181 7	0.000 0	0.415 5	0.210 0	0.408 0	1.427 8
MQDFZ13	2010/3/25	7.70	0.152 0	0.079 3	0.150 9	0.000 0	0.311 6	0.212 1	0.456 0	1.361 9
MQDFZ10	2010/6/29	7.89	0.044 0	0.024 4	0.059 8	0.018 0	0.158 9	0.070 0	0.076 8	0.451 9
MQDFZ11	2010/6/29	8.19	0.042 0	0.015 9	0.088 8	0.024 0	0.162 5	0.101 5	0.043 2	0.477 9
MQDFZ12	2010/6/29	7.48	0.060 0	0.041 5	0.149 5	0.024 0	0.275 0	0.136 5	0.177 6	0.864 0
MQDFZ13	2010/6/29	7.68	0.094 0	0.108 6	0.004 6	0.030 0	0.213 9	0.066 5	0.355 2	0.872 7
MQDFZ10	2010/9/25	8.00	0.078 0	0.039 0	0.089 7	0.024 0	0.311 6	0.070 0	0.148 8	0.761 2
MQDFZ11	2010/9/25	8.40	0.052 0	0.029 3	0.109 0	0.014 4	0.229 7	0.063 0	0.177 6	0.675 0
MQDFZ12	2010/9/25	7.80	0.148 0	0.083 0	0.211 6	0.024 0	0.391 0	0.203 0	0.499 2	1.559 8
MQDFZ13	2010/9/25	8.05	0.072 0	0.061 0	0.164 7	0.033 6	0.344 6	0.112 0	0.278 4	1.066 3
MQDFZ10	2010/12/27	7.80	0.064 0	0.035 4	0.071 3	0.012 0	0.220 0	0.077 0	0.144 0	0.623 6
MQDFZ11	2010/12/27	8.05	0.052 0	0.032 9	0.089 7	0.018 0	0.201 6	0.077 0	0.148 8	0.620 1
MQDFZ12	2010/12/27	7.75	0.124 0	0.070 8	0.105 8	0.018 0	0.238 3	0.164 5	0.355 2	1.076 6
MQDFZ13	2010/12/27	7.60	0.056 0	0.068 3	0.193 2	0.042 0	0.311 6	0.119 0	0.331 2	1.121 3
MQDFZ10	2011/3/29	7.75	0.068 0	0.031 7	0.069 0	0.000 0	0.232 2	0.084 0	0.134 4	0.619 3

（续）

样地代码	采样日期	pH	Ca²⁺	Mg²⁺	K⁺和Na⁺	CO₃²⁻	CHO³⁻	Cl⁻	SO₄²⁻	全盐量
MQDFZ11	2011/3/29	7.90	0.052 0	0.031 7	0.117 3	0.000 0	0.238 3	0.080 5	0.196 8	0.716 6
MQDFZ12	2011/3/29	7.75	0.144 0	0.090 3	0.253 0	0.000 0	0.476 6	0.259 0	0.499 2	1.722 1
MQDFZ13	2011/3/29	7.80	0.100 0	0.075 6	0.165 6	0.000 0	0.201 6	0.185 5	0.470 4	1.198 8
MQDFZ10	2011/6/30	7.80	0.050 0	0.020 7	0.034 5	0.000 0	0.201 6	0.042 0	0.057 6	0.406 5
MQDFZ11	2011/6/30	7.50	0.050 0	0.026 8	0.048 3	0.000 0	0.226 1	0.042 0	0.091 2	0.484 4
MQDFZ12	2011/6/30	7.30	0.142 0	0.092 7	0.232 3	0.000 0	0.501 0	0.273 0	0.422 4	1.663 4
MQDFZ13	2011/6/30	7.40	0.142 0	0.082 5	0.140 3	0.000 0	0.384 9	0.224 0	0.348 5	1.322 2
MQDFZ10	2011/9/27	7.75	0.080 0	0.044 7	0.071 3	0.030 0	0.281 1	0.070 0	0.151 7	0.728 7
MQDFZ11	2011/9/27	7.60	0.052 0	0.039 0	0.079 6	0.018 0	0.217 5	0.070 0	0.148 8	0.624 9
MQDFZ12	2011/9/27	7.50	0.126 0	0.099 3	0.231 4	0.021 6	0.338 5	0.252 0	0.529 9	1.598 7
MQDFZ13	2011/9/27	7.45	0.142 0	0.089 5	0.146 7	0.036 0	0.285 9	0.210 0	0.429 1	1.339 4
MQDFZ10	2011/12/31	8.07	0.064 0	0.041 5	0.088 8	0.015 6	0.204 1	0.101 5	0.177 6	0.693 0
MQDFZ11	2011/12/31	7.77	0.054 0	0.028 1	0.082 3	0.019 2	0.212 6	0.075 6	0.110 4	0.582 2
MQDFZ12	2011/12/31	7.97	0.100 0	0.057 3	0.130 2	0.021 6	0.259 1	0.164 5	0.273 6	1.006 3
MQDFZ13	2011/12/31	7.56	0.112 0	0.070 8	0.173 4	0.024 0	0.281 1	0.183 4	0.398 4	1.243 0
MQDFZ10	2012/3/28	7.79	0.067 2	0.034 9	0.061 6	0.010 8	0.190 6	0.091 0	0.135 4	0.591 5
MQDFZ11	2012/3/28	8.02	0.052 0	0.030 5	0.071 8	0.019 2	0.176 0	0.063 0	0.139 2	0.551 6
MQDFZ12	2012/3/28	7.29	0.140 0	0.097 1	0.197 8	0.050 4	0.343 4	0.234 5	0.458 9	1.522 1
MQDFZ13	2012/3/28	7.41	0.128 0	0.079 3	0.119 6	0.012 0	0.262 7	0.196 0	0.374 4	1.172 0
MQDFZ10	2012/6/30	7.50	0.084 0	0.024 4	0.040 5	0.036 0	0.222 4	0.042 7	0.091 2	0.541 2
MQDFZ11	2012/6/30	8.06	0.050 0	0.023 2	0.054 3	0.030 0	0.156 4	0.045 5	0.091 2	0.450 6
MQDFZ12	2012/6/30	7.87	0.060 0	0.076 9	0.278 3	0.033 6	0.395 9	0.182 0	0.412 8	1.439 5
MQDFZ13	2012/6/30	7.85	0.122 0	0.081 7	0.145 4	0.021 6	0.213 9	0.206 5	0.432 0	1.223 1
MQDFZ10	2012/9/26	8.03	0.078 0	0.045 1	0.095 7	0.022 8	0.244 4	0.101 5	0.196 8	0.784 3
MQDFZ11	2012/9/26	7.57	0.050 0	0.030 5	0.064 9	0.012 0	0.196 7	0.066 5	0.110 4	0.531 0
MQDFZ12	2012/9/26	7.39	0.090 0	0.087 8	0.212 1	0.058 8	0.321 4	0.189 0	0.398 4	1.357 5
MQDFZ13	2012/9/26	7.20	0.130 0	0.086 6	0.184 0	0.026 4	0.361 7	0.217 0	0.412 8	1.418 5
MQDFZ10	2012/12/27	7.69	0.054 0	0.041 5	0.065 8	0.000 0	0.156 4	0.098 0	0.172 8	0.588 5
MQDFZ11	2012/12/27	7.68	0.024 0	0.029 3	0.075 9	0.000 0	0.122 2	0.063 0	0.148 8	0.463 2
MQDFZ12	2012/12/27	7.41	0.098 0	0.083 0	0.177 1	0.000 0	0.256 6	0.210 0	0.441 6	1.266 3
MQDFZ13	2012/12/27	7.45	0.138 0	0.089 1	0.187 2	0.000 0	0.259 1	0.255 5	0.518 4	1.447 2
MQDFZ10	2013/3/26	0.07	0.034 2	0.144 9	0.000 0	0.287 2	0.091 0	0.249 6	0.874 8	7.450 0
MQDFZ11	2013/3/26	0.05	0.028 1	0.073 6	0.000 0	0.238 3	0.052 5	0.120 0	0.560 5	7.350 0

（续）

样地代码	采样日期	pH	Ca^{2+}	Mg^{2+}	K^+和Na^+	CO_3^{2-}	CHO^{3-}	Cl^-	SO_4^{2-}	全盐量
MQDFZ12	2013/3/26	0.12	0.081 7	0.347 3	0.000 0	0.562 1	0.206 5	0.614 4	1.934 1	7.190 0
MQDFZ13	2013/3/26	0.14	0.080 5	0.250 7	0.000 0	0.378 8	0.220 5	0.576 0	1.646 5	7.180 0
MQDFZ10	2013/6/27	0.06	0.026 8	0.071 3	0.000 0	0.238 3	0.070 0	0.115 2	0.581 6	7.780 0
MQDFZ11	2013/6/27	0.05	0.022 0	0.071 3	0.000 0	0.244 4	0.066 5	0.067 2	0.519 4	7.920 0
MQDFZ12	2013/6/27	0.10	0.079 3	0.248 4	0.000 0	0.525 5	0.189 0	0.388 8	1.527 0	7.500 0
MQDFZ13	2013/6/27	0.14	0.070 8	0.190 9	0.000 0	0.403 3	0.220 5	0.384 0	1.405 4	7.560 0
MQDFZ10	2013/9/29	0.07	0.087 8	0.087 4	0.000 0	0.384 9	0.091 0	0.264 0	0.983 2	7.820 0
MQDFZ11	2013/9/29	0.04	0.028 1	0.048 3	0.000 0	0.152 8	0.049 0	0.115 2	0.431 3	8.180 0
MQDFZ12	2013/9/29	0.12	0.092 2	0.225 4	0.000 0	0.501 0	0.224 0	0.420 5	1.583 1	8.140 0
MQDFZ13	2013/9/29	0.13	0.083 0	0.144 9	0.000 0	0.360 5	0.210 0	0.379 2	1.311 6	7.860 0
MQDFZ10	2013/12/25	0.03	0.017 1	0.048 3	0.004 6	0.122 2	0.087 5	0.009 6	0.317 3	7.940 0
MQDFZ11	2013/12/25	0.03	0.037 8	0.050 6	0.013 8	0.152 8	0.056 0	0.110 4	0.455 4	8.140 0
MQDFZ12	2013/12/25	0.08	0.029 3	0.101 2	0.012 0	0.220 0	0.133 0	0.134 4	0.705 8	7.900 0
MQDFZ13	2013/12/25	0.03	0.074 4	0.161 0	0.013 8	0.165 0	0.182 0	0.302 4	0.932 6	8.030 0
MQDFZ10	2014/3/28	7.66	0.074 0	0.040 3	0.087 4	0.000 0	0.256 6	0.126 0	0.144 0	0.728 3
MQDFZ11	2014/3/28	7.77	0.100 0	0.007 3	0.119 6	0.000 0	0.232 2	0.140 0	0.144 0	0.743 1
MQDFZ12	2014/3/28	7.66	0.048 0	0.031 7	0.066 7	0.000 0	0.220 0	0.098 0	0.072 0	0.536 4
MQDFZ13	2014/3/28	7.59	0.096 0	0.070 8	0.098 9	0.000 0	0.391 0	0.105 0	0.264 0	1.025 7
MQDFZ10	2014/6/30	7.68	0.054 0	0.018 3	0.078 2	0.027 6	0.171 1	0.070 0	0.076 8	0.496 0
MQDFZ11	2014/6/30	7.64	0.050 0	0.012 2	0.069 0	0.082 8	0.048 9	0.070 0	0.004 8	0.337 7
MQDFZ12	2014/6/30	7.55	0.094 0	0.020 7	0.089 7	0.027 6	0.226 1	0.098 0	0.124 8	0.680 9
MQDFZ13	2014/6/30	7.44	0.100 0	0.050 0	0.188 6	0.032 2	0.311 6	0.171 5	0.283 2	1.137 1
MQDFZ10	2014/9/26	7.62	0.084 0	0.040 3	0.117 3	0.032 2	0.232 2	0.119 0	0.192 0	0.816 9
MQDFZ11	2014/9/26	7.85	0.082 0	0.031 7	0.115 0	0.041 4	0.201 6	0.122 5	0.148 8	0.743 1
MQDFZ12	2014/9/26	7.87	0.076 0	0.051 2	0.135 7	0.023 0	0.256 6	0.136 5	0.230 4	0.909 5
MQDFZ13	2014/9/26	7.88	0.074 0	0.037 8	0.262 2	0.027 6	0.501 0	0.189 0	0.163 2	1.254 8
MQDFZ10	2014/12/27									
MQDFZ11	2014/12/27	7.99	0.024 8	0.021 5	0.016 1	0.000 0	0.146 4	0.042 6	0.004 8	0.256 2
MQDFZ12	2014/12/27	7.79	0.036 8	0.025 1	0.071 3	0.000 0	0.244 0	0.042 6	0.086 4	0.506 2
MQDFZ13	2014/12/27	7.82	0.037 2	0.023 7	0.032 2	0.000 0	0.164 7	0.039 1	0.067 2	0.364 0
MQDFZ10	2015/3/26	7.46	0.056 0	0.022 0	0.004 6	0.000 0	0.103 7	0.035 5	0.100 8	0.322 6
MQDFZ11	2015/3/26	7.73	0.056 0	0.023 2	0.002 3	0.000 0	0.195 2	0.042 6	0.019 2	0.338 5
MQDFZ12	2015/3/26	7.58	0.054 0	0.023 2	0.025 3	0.000 0	0.195 2	0.042 6	0.062 4	0.402 7

（续）

样地代码	采样日期	pH	Ca^{2+}	Mg^{2+}	K^+ 和 Na^+	CO_3^{2-}	CHO^{3-}	Cl^-	SO_4^{2-}	全盐量
MQDFZ13	2015/3/26	7.78	0.056 0	0.022 0	0.025 3	0.000 0	0.183 0	0.042 6	0.072 0	0.400 9
MQDFZ10	2015/6/28	7.65	0.080 0	0.064 7	0.137 5	0.028 8	0.192 8	0.126 4	0.364 8	0.994 9
MQDFZ11	2015/6/28	7.64	0.074 0	0.054 9	0.133 9	0.013 2	0.179 3	0.122 1	0.345 6	0.923 0
MQDFZ12	2015/6/28	7.96	0.034 0	0.025 6	0.046 0	0.006 0	0.103 7	0.035 5	0.139 2	0.390 0
MQDFZ13	2015/6/28	7.65	0.078 0	0.057 3	0.134 3	0.015 6	0.196 4	0.124 3	0.345 6	0.951 5
MQDFZ10	2015/9/27	7.91	0.036 0	0.026 8	0.057 5	0.006 0	0.134 2	0.035 5	0.148 8	0.444 8
MQDFZ11	2015/9/27	7.79	0.048 0	0.024 4	0.050 0	0.006 0	0.146 4	0.035 5	0.144 0	0.454 9
MQDFZ12	2015/9/27	7.81	0.048 0	0.017 1	0.058 0	0.007 2	0.133 0	0.035 5	0.139 2	0.437 9
MQDFZ13	2015/9/27	7.82	0.040 0	0.026 8	0.040 5	0.012 0	0.140 3	0.041 2	0.100 8	0.401 6
MQDFZ10	2015/12/28	8.11	0.040 0	0.024 4	0.040 9	0.006 0	0.129 3	0.037 6	0.115 2	0.393 5
MQDFZ11	2015/12/28	8.16	0.031 2	0.022 4	0.034 0	0.006 0	0.112 2	0.036 9	0.086 4	0.329 2
MQDFZ12	2015/12/28	7.86	0.038 0	0.026 8	0.044 2	0.007 2	0.126 9	0.035 5	0.129 6	0.408 2
MQDFZ13	2015/12/28	8.10	0.036 8	0.028 8	0.041 4	0.006 0	0.122 0	0.035 5	0.134 4	0.404 9

3.4　气象观测数据

（1）概述

该人工地面标准气象观测站建于 1961 年，位于民勤绿洲内部，中心点经纬度为：E 102°59′05″，N 38°34′25″，海拔为 1 378 m，属于地面标准气象观测站，观测场的周围环境符合气象观测环境保护规定的要求，观测点能较好地反映民勤荒漠绿洲气象要素特点。用于长期监测民勤干旱荒漠区及荒漠绿洲过渡带气象因子变化特征。该观测场面积为 25 m×25 m，场内仪器设备为国家通用气象监测仪器，观测场内仪器设施北高南低、东西成行、南北成列，东西间隔不小于 4 m，南北间隔不小于 3 m，仪器距观测场边缘护栏不小于 3 m。观测指标包括云、能见度、天气现象、气压、空气的温度和湿度、风向和风速，降水、日照、蒸发、地面温度、冻土、积雪等常规监测指标。观测频度为每日 3 次基本观测（08 时、14 时、20 时）。自 1961 年建立该气象观测场以来，有专职气象观测人员按照国家气象观测的标准规范开展系统地、连续地观察测定和设备维护，多年来仪器运行正常，数据资料连续、保存完整，为气候分析、科学研究和气象服务提供重要的科学依据。

（2）数据采集及处理方法

空气温度使用玻璃液体干球温度表、最高温度表、最低温度表和温度计观测；湿度在非结冰期使用干湿球温度表、湿度计观测，冬季结冰期采用毛发湿度表观测，按照干、湿球温度表的温度差值查《湿度查算表》获得相对湿度；气压使用空盒气压计记录气压变化，通过与水银气压表测得的本站气压值进行比较，并进行差值订正；风的观测使用 EL 型电接风向风速计；降水量使用雨量器在 08 时、14 时、20 时观测，冬季降雪量将已有固体降水的外筒取下，用备份的外筒换下，盖上筒盖后，取回室内量取；日照的观测使用暗筒式日照计，在涂有感光剂的日照纸上留下感光迹线，用来计算日照时数；地面温度及最高地温、最低地温和地下 5 cm、10 cm、15 cm、20 cm 深度的浅层地温使用玻璃液体地温表观测；蒸发量使用 E‑601B 型蒸发器、小型蒸发器每日 20 时进行观测，大型蒸发器观测时先调整测针使针尖与水面恰好相接，然后从游标尺上读出水面高度，冬季结冰期较长时停止观测，整个结冰期使用小型蒸发器观测。在观测簿、自记纸的基础上编制月报表，月报表中包括定时记录、自记记录和计算日平均值、日总量值，还有初步整理的候、旬、月平均值、总量值、极端值、百分率值。年报表是在地面气象记录月报表的基础上编制而成，包括各月平均值、合计值、最大值、最小值；年平均值、年总量值、年最大值、年最小值，年日照百分率，无霜日期和年各类日数统计。完成观测数据整理后，将观测资料分类保存。

（3）数据质量控制与评估

民勤站人工气象监测工作配备两名专业气象观测人员轮流 24 h 观测，气象监测人员按时进行月、年报表的统计、编制，并负责该站自动数据原始资料、纸质资料、报表资料的保管归案工作。气象观测人员定期对观测设备、传感器、太阳能板进行维护、检查，每 3～5 日对辐射传感器擦拭透光外罩，对雨量桶定期清洁。观测数据定期与自动站比对，确保数据真实、准确、可靠。

3.4.1 气温数据集

空气温度数据见表 3-14。

表 3-14 空气温度

年份	月份	空气温度（℃）	有效数据（条）
2007	1	−9.6	31
2007	2	−1.4	28
2007	3	2.1	31
2007	4	9.9	30
2007	5	18.2	31
2007	6	20.7	30
2007	7	22.0	31
2007	8	21.6	31
2007	9	14.5	30
2007	10	6.5	31
2007	11	0.0	30
2007	12	−7.8	31
2008	1	−15.2	31
2008	2	−12.2	29
2008	3	4.6	31
2008	4	11.1	30
2008	5	17.7	31
2008	6	21.2	30
2008	7	23.4	31
2008	8	19.8	31
2008	9	15.5	30
2008	10	7.9	31

（续）

年份	月份	空气温度（℃）	有效数据（条）
2008	11	−0.4	30
2008	12	−6.8	31
2009	1	−9.3	31
2009	2	−1.9	28
2009	3	2.8	31
2009	4	13.1	30
2009	5	17.9	31
2009	6	21.0	30
2009	7	23.4	31
2009	8	20.3	31
2009	9	16.5	30
2009	10	8.8	31
2009	11	−3.4	30
2009	12	−7.7	31
2010	1	−7.3	31
2010	2	−4.7	28
2010	3	1.6	31
2010	4	8.0	30
2010	5	16.3	31
2010	6	22.5	30
2010	7	25.5	31
2010	8	21.5	31
2010	9	14.9	30
2010	10	7.8	31
2010	11	1.0	30
2010	12	−7.0	31
2011	1	−15.4	31
2011	2	−3.5	28
2011	3	−1.0	31
2011	4	11.8	30
2011	5	16.8	31
2011	6	23.0	30
2011	7	23.5	31

（续）

年份	月份	空气温度（℃）	有效数据（条）
2011	8	22.0	31
2011	9	14.0	30
2011	10	8.0	31
2011	11	0.7	30
2011	12	−8.7	31
2012	1	−12.5	31
2012	2	−7.4	29
2012	3	2.3	31
2012	4	14.9	30
2012	5	17.6	31
2012	6	22.5	30
2012	7	23.9	31
2012	8	22.4	31
2012	9	14.5	30
2012	10	7.1	31
2012	11	−2.5	30
2012	12	−8.6	31
2013	1	−8.7	31
2013	2	−3.9	28
2013	3	6.5	31
2013	4	11.2	30
2013	5	18.4	31
2013	6	22.0	30
2013	7	23.3	31
2013	8	22.4	31
2013	9	16.3	30
2013	10	9.0	31
2013	11	−0.3	30
2013	12	−7.4	31
2014	1	−6.9	31
2014	2	−4.5	28
2014	3	3.5	31
2014	4	12.1	30

（续）

年份	月份	空气温度（℃）	有效数据（条）
2014	5	16.6	31
2014	6	21.4	30
2014	7	23.4	31
2014	8	19.6	31
2014	9	16.1	30
2014	10	9.5	31
2014	11	−0.9	30
2014	12	−8.5	31
2015	1	−7.5	31
2015	2	−4.2	28
2015	3	3.0	31
2015	4	10.9	30
2015	5	17.8	31
2015	6	21.4	30
2015	7	23.2	31
2015	8	21.3	31
2015	9	15.2	30
2015	10	8.0	31
2015	11	1.3	30
2015	12	−6.2	31

3.4.2　降水量数据集

降水量数据见表 3-15。

表 3-15　降水量

年份	月份	降水量（mm）	有效数据（条）
2007	1	0.2	31
2007	2	0.0	28
2007	3	8.9	31
2007	4	13.4	30
2007	5	20.2	31
2007	6	15.7	30
2007	7	30.5	31
2007	8	16.5	31

（续）

年份	月份	降水量（mm）	有效数据（条）
2007	9	27.1	30
2007	10	19.7	31
2007	11	0.7	30
2007	12	0.0	31
2008	1	16.0	31
2008	2	0.8	29
2008	3	1.5	31
2008	4	15.2	30
2008	5	2.4	31
2008	6	6.2	30
2008	7	45.8	31
2008	8	6.4	31
2008	9	37.0	30
2008	10	1.4	31
2008	11	0.2	30
2008	12	0.5	31
2009	1	1.1	31
2009	2	0.0	28
2009	3	0.0	31
2009	4	0.0	30
2009	5	10.7	31
2009	6	6.1	30
2009	7	11.2	31
2009	8	45.0	31
2009	9	24.3	30
2009	10	1.2	31
2009	11	5.8	30
2009	12	0.3	31
2010	1	0.2	31
2010	2	5.0	28
2010	3	2.6	31
2010	4	6.8	30
2010	5	26.1	31

（续）

年份	月份	降水量（mm）	有效数据（条）
2010	6	6.4	30
2010	7	3.1	31
2010	8	2.3	31
2010	9	32.6	30
2010	10	19.1	31
2010	11	0.0	30
2010	12	0.8	31
2011	1	1.9	31
2011	2	1.6	28
2011	3	1.9	31
2011	4	1.1	30
2011	5	15.6	31
2011	6	14.6	30
2011	7	13.7	31
2011	8	56.9	31
2011	9	21.6	30
2011	10	6.4	31
2011	11	3.3	30
2011	12	0.1	31
2012	1	3.9	31
2012	2	0.0	29
2012	3	0.8	31
2012	4	2.6	30
2012	5	7.1	31
2012	6	30.4	30
2012	7	53.9	31
2012	8	6.1	31
2012	9	20.8	30
2012	10	0.5	31
2012	11	0.8	30
2012	12	1.4	31
2013	1	0.0	31
2013	2	0.0	28

（续）

年份	月份	降水量（mm）	有效数据（条）
2013	3	0.0	31
2013	4	0.0	30
2013	5	4.4	31
2013	6	13.2	30
2013	7	22.5	31
2013	8	27.7	31
2013	9	20.5	30
2013	10	0.8	31
2013	11	0.0	30
2013	12	0.0	31
2014	1	0.0	31
2014	2	1.5	28
2014	3	1.2	31
2014	4	6.8	30
2014	5	6.6	31
2014	6	17.3	30
2014	7	37.5	31
2014	8	34.6	31
2014	9	6.0	30
2014	10	15.2	31
2014	11	0.0	30
2014	12	0.3	31
2015	1	0.0	31
2015	2	2.3	28
2015	3	0.0	31
2015	4	12.0	30
2015	5	11.8	31
2015	6	14.2	30
2015	7	11.4	31
2015	8	34.0	31
2015	9	32.3	30
2015	10	8.4	31
2015	11	9.0	30
2015	12	0.8	31

3.4.3 气压

气压数据见表 3-16。

表 3-16 气压

年份	月份	气压（hPa）	有效数据（条）
2007	1	871.0	31
2007	2	862.0	28
2007	3	862.9	31
2007	4	863.8	30
2007	5	859.2	31
2007	6	855.8	30
2007	7	854.6	31
2007	8	857.5	31
2007	9	861.4	30
2007	10	867.7	31
2007	11	867.7	30
2007	12	866.9	31
2008	1	870.4	31
2008	2	869.7	29
2008	3	862.6	31
2008	4	860.0	30
2008	5	858.7	31
2008	6	855.8	30
2008	7	854.9	31
2008	8	858.5	31
2008	9	861.8	30
2008	10	865.9	31
2008	11	869.7	30
2008	12	869.0	31
2009	1	869.5	31
2009	2	862.1	28
2009	3	862.9	31
2009	4	859.7	30
2009	5	859.5	31
2009	6	856.1	30
2009	7	854.8	31

（续）

年份	月份	气压（hPa）	有效数据（条）
2009	8	859.6	31
2009	9	862.3	30
2009	10	865.7	31
2009	11	868.2	30
2009	12	866.8	31
2010	1	867.1	31
2010	2	862.5	28
2010	3	865.3	31
2010	4	863.6	30
2010	5	859.1	31
2010	6	856.7	30
2010	7	855.8	31
2010	8	859.7	31
2010	9	862.7	30
2010	10	866.8	31
2010	11	867.8	30
2010	12	867.0	31
2011	1	871.4	31
2011	2	862.4	28
2011	3	868.1	31
2011	4	863.8	30
2011	5	860.6	31
2011	6	855.0	30
2011	7	856.5	31
2011	8	858.5	31
2011	9	862.7	30
2011	10	866.4	31
2011	11	867.5	30
2011	12	872.4	31
2012	1	869.6	31
2012	2	866.3	29
2012	3	864.3	31
2012	4	861.0	30

（续）

年份	月份	气压（hPa）	有效数据（条）
2012	5	860.3	31
2012	6	855.8	30
2012	7	856.1	31
2012	8	859.6	31
2012	9	864.3	30
2012	10	867.0	31
2012	11	866.9	30
2012	12	868.4	31
2013	1	868.9	31
2013	2	867.1	28
2013	3	863.3	31
2013	4	861.9	30
2013	5	860.0	31
2013	6	856.7	30
2013	7	856.5	31
2013	8	858.6	31
2013	9	863.6	30
2013	10	868.1	31
2013	11	870.4	30
2013	12	870.6	31
2014	1	868.5	31
2014	2	865.5	28
2014	3	864.8	31
2014	4	862.8	30
2014	5	860.2	31
2014	6	858.6	30
2014	7	857.8	31
2014	8	861.3	31
2014	9	863.3	30
2014	10	867.3	31
2014	11	869.1	30
2014	12	873.0	31
2015	1	870.2	31

（续）

年份	月份	气压（hPa）	有效数据（条）
2015	2	868.2	28
2015	3	866.7	31
2015	4	863.9	30
2015	5	860.8	31
2015	6	859.3	30
2015	7	859.6	31
2015	8	862.3	31
2015	9	866.2	30
2015	10	860.4	31
2015	11	866.8	30
2015	12	870.9	31

3.4.4　平均风速

月平均风速数据见表 3 - 17。

表 3 - 17　月平均风速

年份	月份	平均风速（m/s）	有效数据（条）
2007	1	1.0	31
2007	2	1.2	28
2007	3	1.9	31
2007	4	2.5	30
2007	5	2.6	31
2007	6	1.2	30
2007	7	1.5	31
2007	8	1.3	31
2007	9	1.2	30
2007	10	1.0	31
2007	11	1.2	30
2007	12	0.8	31
2008	1	0.5	31
2008	2	1.4	29
2008	3	2.0	31
2008	4	2.3	30
2008	5	2.6	31
2008	6	2.2	30

（续）

年份	月份	平均风速（m/s）	有效数据（条）
2008	7	2.2	31
2008	8	1.3	31
2008	9	0.9	30
2008	10	0.9	31
2008	11	1.6	30
2008	12	1.8	31
2009	1	1.3	31
2009	2	1.3	28
2009	3	1.9	31
2009	4	2.3	30
2009	5	2.1	31
2009	6	1.7	30
2009	7	1.7	31
2009	8	1.2	31
2009	9	1.0	30
2009	10	1.4	31
2009	11	1.0	30
2009	12	1.4	31
2010	1	1.5	31
2010	2	1.3	28
2010	3	2.7	31
2010	4	2.8	30
2010	5	2.1	31
2010	6	1.6	30
2010	7	1.8	31
2010	8	1.2	31
2010	9	1.1	30
2010	10	1.0	31
2010	11	2.1	30
2010	12	1.9	31
2011	1	0.8	31
2011	2	1.4	28
2011	3	1.6	31

（续）

年份	月份	平均风速（m/s）	有效数据（条）
2011	4	2.5	30
2011	5	2.2	31
2011	6	1.5	30
2011	7	1.1	31
2011	8	1.3	31
2011	9	0.5	30
2011	10	0.7	31
2011	11	0.8	30
2011	12	0.5	31
2012	1	0.4	31
2012	2	1.0	29
2012	3	1.5	31
2012	4	1.1	30
2012	5	1.5	31
2012	6	1.0	30
2012	7	1.0	31
2012	8	0.8	31
2012	9	0.3	30
2012	10	1.0	31
2012	11	1.0	30
2012	12	1.4	31
2013	1	0.7	31
2013	2	0.7	28
2013	3	2.1	31
2013	4	1.4	30
2013	5	1.4	31
2013	6	1.0	30
2013	7	1.3	31
2013	8	1.2	31
2013	9	0.7	30
2013	10	0.6	31
2013	11	0.8	30
2013	12	0.8	31

（续）

年份	月份	平均风速（m/s）	有效数据（条）
2014	1	0.9	31
2014	2	1.0	28
2014	3	1.4	31
2014	4	0.9	30
2014	5	1.8	31
2014	6	1.1	30
2014	7	0.9	31
2014	8	1.2	31
2014	9	0.5	30
2014	10	1.0	31
2014	11	0.5	30
2014	12	1.1	31
2015	1	0.6	31
2015	2	1.1	28
2015	3	1.1	31
2015	4	0.9	30
2015	5	1.1	31
2015	6	1.0	30
2015	7	0.6	31
2015	8	0.3	31
2015	9	0.4	30
2015	10	0.2	31
2015	11	0.4	30
2015	12	0.4	31

3.4.5 空气相对湿度

空气相对湿度数据见表 3-18。

表 3-18 空气相对湿度

年份	月份	空气相对湿度（%）	有效数据（条）
2007	1	51.0	31
2007	2	45.0	28
2007	3	53.0	31
2007	4	37.0	30
2007	5	35.0	31

（续）

年份	月份	空气相对湿度（%）	有效数据（条）
2007	6	45.0	30
2007	7	56.0	31
2007	8	58.0	31
2007	9	63.0	30
2007	10	63.0	31
2007	11	53.0	30
2007	12	57.0	31
2008	1	73.0	31
2008	2	71.0	29
2008	3	38.0	31
2008	4	37.0	30
2008	5	30.0	31
2008	6	36.0	30
2008	7	46.0	31
2008	8	50.0	31
2008	9	62.0	30
2008	10	54.0	31
2008	11	49.0	30
2008	12	55.0	31
2009	1	57.0	31
2009	2	44.0	28
2009	3	35.0	31
2009	4	29.0	30
2009	5	31.0	31
2009	6	30.0	30
2009	7	45.0	31
2009	8	54.0	31
2009	9	63.0	30
2009	10	47.0	31
2009	11	59.0	30
2009	12	58.0	31
2010	1	49.0	31
2010	2	55.0	28

（续）

年份	月份	空气相对湿度（%）	有效数据（条）
2010	3	42.0	31
2010	4	40.0	30
2010	5	37.0	31
2010	6	43.0	30
2010	7	46.0	31
2010	8	47.0	31
2010	9	70.0	30
2010	10	61.0	31
2010	11	51.0	30
2010	12	50.0	31
2011	1	65.0	31
2011	2	50.0	28
2011	3	36.0	31
2011	4	30.0	30
2011	5	36.0	31
2011	6	40.0	30
2011	7	46.0	31
2011	8	60.0	31
2011	9	74.0	30
2011	10	56.0	31
2011	11	69.0	30
2011	12	62.0	31
2012	1	60.0	31
2012	2	43.0	29
2012	3	38.0	31
2012	4	34.0	30
2012	5	41.0	31
2012	6	45.0	30
2012	7	57.0	31
2012	8	57.0	31
2012	9	64.0	30
2012	10	53.0	31
2012	11	51.0	30

（续）

年份	月份	空气相对湿度（%）	有效数据（条）
2012	12	64.0	31
2013	1	57.0	31
2013	2	48.0	28
2013	3	36.0	31
2013	4	30.0	30
2013	5	42.0	31
2013	6	50.0	30
2013	7	55.0	31
2013	8	59.0	31
2013	9	55.0	30
2013	10	51.0	31
2013	11	57.0	30
2013	12	67.0	31
2014	1	52.0	31
2014	2	60.0	28
2014	3	42.0	31
2014	4	43.0	30
2014	5	36.0	31
2014	6	47.0	30
2014	7	51.0	31
2014	8	62.0	31
2014	9	59.0	30
2014	10	59.0	31
2014	11	62.0	30
2014	12	60.0	31
2015	1	62.0	31
2015	2	58.0	28
2015	3	43.0	31
2015	4	43.0	30
2015	5	37.0	31
2015	6	44.0	30
2015	7	91.0	31
2015	8	51.0	31

（续）

年份	月份	空气相对湿度（%）	有效数据（条）
2015	9	64.0	30
2015	10	53.0	31
2015	11	75.0	30
2015	12	68.0	31

3.4.6　地表温度

地表温度数据见表 3-19。

表 3-19　地表温度

年份	月份	地表温度（℃）	有效数据（条）
2007	1	-7.6	31
2007	2	2.0	28
2007	3	7.5	31
2007	4	16.7	30
2007	5	26.6	31
2007	6	30.6	30
2007	7	31.2	31
2007	8	30.4	31
2007	9	20.7	30
2007	10	10.4	31
2007	11	2.1	30
2007	12	-6.4	31
2008	1	-11.8	31
2008	2	-8.4	29
2008	3	10.4	31
2008	4	22.9	30
2008	5	28.9	31
2008	6	34.3	30
2008	7	33.9	31
2008	8	28.7	31
2008	9	21.2	30
2008	10	12.1	31
2008	11	1.6	30
2008	12	-6.7	31

（续）

年份	月份	地表温度（℃）	有效数据（条）
2009	1	−8.7	31
2009	2	1.5	28
2009	3	8.6	31
2009	4	21.4	30
2009	5	27.4	31
2009	6	33.2	30
2009	7	33.4	31
2009	8	28.0	31
2009	9	20.8	30
2009	10	13.2	31
2009	11	−1.7	30
2009	12	−7.6	31
2010	1	−6.7	31
2010	2	−1.1	28
2010	3	6.1	31
2010	4	14.4	30
2010	5	24.1	31
2010	6	33.1	30
2010	7	36.4	31
2010	8	31.8	31
2010	9	21.4	30
2010	10	12.8	31
2010	11	1.8	30
2010	12	−7.0	31
2011	1	−14.3	31
2011	2	−0.6	28
2011	3	5.1	31
2011	4	19.7	30
2011	5	26.3	31
2011	6	34.9	30
2011	7	33.8	31
2011	8	27.2	31
2011	9	17.2	30

（续）

年份	月份	地表温度（℃）	有效数据（条）
2011	10	12.4	31
2011	11	2.3	30
2011	12	−8.9	31
2012	1	−12.3	31
2012	2	−4.3	29
2012	3	7.0	31
2012	4	19.0	30
2012	5	26.7	31
2012	6	32.9	30
2012	7	33.0	31
2012	8	31.3	31
2012	9	21.6	30
2012	10	12.0	31
2012	11	−0.8	30
2012	12	−8.3	31
2013	1	−8.5	31
2013	2	−0.1	28
2013	3	10.8	31
2013	4	19.8	30
2013	5	28.2	31
2013	6	31.0	30
2013	7	31.0	31
2013	8	29.0	31
2013	9	22.2	30
2013	10	13.4	31
2013	11	0.1	30
2013	12	−7.9	31
2014	1	−7.4	31
2014	2	−1.5	28
2014	3	10.6	31
2014	4	20.1	30
2014	5	26.4	31
2014	6	30.9	30

（续）

年份	月份	地表温度（℃）	有效数据（条）
2014	7	31.8	31
2014	8	26.8	31
2014	9	22.7	30
2014	10	13.4	31
2014	11	0.5	30
2014	12	−8.9	31
2015	1	−6.7	31
2015	2	−1.5	28
2015	3	9.2	31
2015	4	18.8	30
2015	5	26.8	31
2015	6	31.4	30
2015	7	33.6	31
2015	8	30.5	31
2015	9	19.8	30
2015	10	12.4	31
2015	11	2.8	30
2015	12	−7.3	31

3.4.7　5 cm 地温

5 cm 地温数据见表 3-20。

表 3-20　5 cm 地温

年份	月份	5 cm 地温（℃）	有效数据（条）
2007	1	−8.1	31
2007	2	−1.5	28
2007	3	4.3	31
2007	4	12.9	30
2007	5	23.1	31
2007	6	26.1	30
2007	7	27.5	31
2007	8	26.2	31
2007	9	19.0	30
2007	10	9.8	31

（续）

年份	月份	5 cm 地温（℃）	有效数据（条）
2007	11	1.2	30
2007	12	−6.3	31
2008	1	−10.2	31
2008	2	−9.0	29
2008	3	7.1	31
2008	4	22.5	30
2008	5	21.9	31
2008	6	28.1	30
2008	7	29.6	31
2008	8	25.2	31
2008	9	19.4	30
2008	10	10.7	31
2008	11	0.3	30
2008	12	−6.6	31
2009	1	−9.9	31
2009	2	−1.3	28
2009	3	5.7	31
2009	4	17.2	30
2009	5	23.5	31
2009	6	28.7	30
2009	7	29.6	31
2009	8	25.8	31
2009	9	19.2	30
2009	10	12.2	31
2009	11	−1.8	30
2009	12	−8.6	31
2010	1	−7.9	31
2010	2	−3.8	28
2010	3	3.7	31
2010	4	11.5	30
2010	5	20.0	31
2010	6	28.2	30
2010	7	32.1	31

（续）

年份	月份	5 cm 地温（℃）	有效数据（条）
2010	8	29.1	31
2010	9	20.3	30
2010	10	13.6	31
2010	11	0.7	30
2010	12	−7.6	31
2011	1	−14.2	31
2011	2	−3.7	28
2011	3	2.8	31
2011	4	15.9	30
2011	5	21.5	31
2011	6	29.7	30
2011	7	30.1	31
2011	8	25.0	31
2011	9	17.2	30
2011	10	11.6	31
2011	11	1.8	30
2011	12	−9.0	31
2012	1	−12.5	31
2012	2	−6.4	29
2012	3	4.6	31
2012	4	15.6	30
2012	5	23.1	31
2012	6	29.5	30
2012	7	29.5	31
2012	8	27.9	31
2012	9	20.4	30
2012	10	11.0	31
2012	11	−1.6	30
2012	12	−8.3	31
2013	1	−10.2	31
2013	2	−2.6	28
2013	3	7.9	31
2013	4	16.3	30

（续）

年份	月份	5 cm 地温（℃）	有效数据（条）
2013	5	24.8	31
2013	6	28.1	30
2013	7	28.8	31
2013	8	27.3	31
2013	9	20.9	30
2013	10	12.7	31
2013	11	0.4	30
2013	12	−8.6	31
2014	1	−9.0	31
2014	2	−2.8	28
2014	3	7.5	31
2014	4	16.8	30
2014	5	23.6	31
2014	6	28.2	30
2014	7	29.7	31
2014	8	23.9	31
2014	9	20.8	30
2014	10	12.1	31
2014	11	−0.1	30
2014	12	−9.7	31
2015	1	−8.7	31
2015	2	−3.3	28
2015	3	5.9	31
2015	4	15.4	30
2015	5	23.3	31
2015	6	27.6	30
2015	7	30.2	31
2015	8	28.1	31
2015	9	19.1	30
2015	10	11.4	31
2015	11	1.7	30
2015	12	−7.7	31

3.4.8　10 cm 地温

10 cm 地温数据见表 3-21。

表 3-21　10 cm 地温

年份	月份	10 cm 地温（℃）	有效数据（条）
2007	1	−7.8	31
2007	2	−2.6	28
2007	3	3.0	31
2007	4	11.7	30
2007	5	19.9	31
2007	6	24.4	30
2007	7	26.2	31
2007	8	25.2	31
2007	9	18.7	30
2007	10	9.9	31
2007	11	1.4	30
2007	12	−5.5	31
2008	1	−9.5	31
2008	2	−9.1	29
2008	3	3.8	31
2008	4	16.7	30
2008	5	20.0	31
2008	6	25.2	30
2008	7	27.2	31
2008	8	23.8	31
2008	9	18.5	30
2008	10	10.4	31
2008	11	0.7	30
2008	12	−6.3	31
2009	1	−10.7	31
2009	2	−3.0	28
2009	3	3.8	31
2009	4	14.4	30
2009	5	20.5	31
2009	6	25.1	30
2009	7	26.9	31

（续）

年份	月份	10 cm 地温（℃）	有效数据（条）
2009	8	24.2	31
2009	9	18.8	30
2009	10	12.4	31
2009	11	−1.1	30
2009	12	−7.3	31
2010	1	−7.7	31
2010	2	−4.6	28
2010	3	2.5	31
2010	4	10.3	30
2010	5	18.7	31
2010	6	26.1	30
2010	7	30.0	31
2010	8	27.8	31
2010	9	19.7	30
2010	10	11.4	31
2010	11	0.6	30
2010	12	−7.4	31
2011	1	−13.9	31
2011	2	−4.6	28
2011	3	1.7	31
2011	4	14.2	30
2011	5	20.2	31
2011	6	27.7	30
2011	7	28.5	31
2011	8	24.5	31
2011	9	17.3	30
2011	10	11.5	31
2011	11	1.8	30
2011	12	−8.3	31
2012	1	−12.1	31
2012	2	−7.0	29
2012	3	3.2	31
2012	4	27.5	30

（续）

年份	月份	10 cm 地温（℃）	有效数据（条）
2012	5	17.8	31
2012	6	26.9	30
2012	7	28.3	31
2012	8	27.1	31
2012	9	19.8	30
2012	10	10.7	31
2012	11	−1.3	30
2012	12	−7.7	31
2013	1	−10.0	31
2013	2	−3.7	28
2013	3	6.0	31
2013	4	14.0	30
2013	5	22.3	31
2013	6	25.7	30
2013	7	27.4	31
2013	8	26.6	31
2013	9	20.4	30
2013	10	12.4	31
2013	11	0.4	30
2013	12	−8.3	31
2014	1	−9.2	31
2014	2	−3.6	28
2014	3	5.9	31
2014	4	15.3	30
2014	5	20.8	31
2014	6	26.1	30
2014	7	28.0	31
2014	8	23.8	31
2014	9	20.5	30
2014	10	11.9	31
2014	11	0.2	30
2014	12	−9.0	31
2015	1	−8.8	31

（续）

年份	月份	10 cm 地温（℃）	有效数据（条）
2015	2	−4.2	28
2015	3	4.7	31
2015	4	14.1	30
2015	5	23.3	31
2015	6	26.1	30
2015	7	28.7	31
2015	8	27.1	31
2015	9	19.1	30
2015	10	11.4	31
2015	11	1.9	30
2015	12	−6.9	31

3.4.9　15 cm 地温

15 cm 地温数据见表 3 - 22。

表 3 - 22　15 cm 地温

年份	月份	15 cm 地温（℃）	有效数据（条）
2007	1	−6.9	31
2007	2	−2.5	28
2007	3	2.6	31
2007	4	11.0	30
2007	5	19.1	31
2007	6	23.5	30
2007	7	25.5	31
2007	8	24.7	31
2007	9	18.5	30
2007	10	10.2	31
2007	11	2.2	30
2007	12	−4.7	31
2008	1	−8.6	31
2008	2	−8.4	29
2008	3	3.1	31
2008	4	14.7	30
2008	5	19.3	31

（续）

年份	月份	15 cm 地温（℃）	有效数据（条）
2008	6	24.5	30
2008	7	26.4	31
2008	8	23.5	31
2008	9	18.6	30
2008	10	10.5	31
2008	11	1.2	30
2008	12	−5.6	31
2009	1	−9.5	31
2009	2	−2.7	28
2009	3	3.7	31
2009	4	13.6	30
2009	5	19.7	31
2009	6	24.2	30
2009	7	28.4	31
2009	8	23.7	31
2009	9	18.7	30
2009	10	12.5	31
2009	11	−0.2	30
2009	12	−6.5	31
2010	1	−7.5	31
2010	2	−4.8	28
2010	3	1.9	31
2010	4	9.4	30
2010	5	17.6	31
2010	6	25.0	30
2010	7	28.4	31
2010	8	26.6	31
2010	9	19.3	30
2010	10	11.2	31
2010	11	1.0	30
2010	12	−8.7	31
2011	1	−13.3	31
2011	2	−5.0	28

（续）

年份	月份	15 cm 地温（℃）	有效数据（条）
2011	3	1.1	31
2011	4	13.1	30
2011	5	19.1	31
2011	6	26.1	30
2011	7	27.4	31
2011	8	25.0	31
2011	9	17.9	30
2011	10	11.2	31
2011	11	2.2	30
2011	12	−7.7	31
2012	1	−11.7	31
2012	2	−7.2	29
2012	3	2.5	31
2012	4	12.8	30
2012	5	20.2	31
2012	6	25.5	30
2012	7	27.5	31
2012	8	26.4	31
2012	9	19.5	30
2012	10	10.7	31
2012	11	−0.6	30
2012	12	−6.9	31
2013	1	−9.6	31
2013	2	−4.0	28
2013	3	5.3	31
2013	4	13.0	30
2013	5	20.8	31
2013	6	24.5	30
2013	7	26.4	31
2013	8	25.9	31
2013	9	19.9	30
2013	10	12.3	31
2013	11	0.9	30

（续）

年份	月份	15 cm 地温（℃）	有效数据（条）
2013	12	−7.5	31
2014	1	−8.7	31
2014	2	−3.9	28
2014	3	4.9	31
2014	4	14.1	30
2014	5	19.2	31
2014	6	24.4	30
2014	7	26.7	31
2014	8	23.1	31
2014	9	20.0	30
2014	10	12.2	31
2014	11	1.3	30
2014	12	−7.6	31
2015	1	−8.0	31
2015	2	−4.3	28
2015	3	3.4	31
2015	4	12.8	30
2015	5	19.9	31
2015	6	24.0	30
2015	7	26.5	31
2015	8	25.7	31
2015	9	18.9	30
2015	10	11.4	31
2015	11	2.5	30
2015	12	−5.3	31

3.4.10 20 cm 地温

20 cm 地温数据见表 3 - 23。

表 3 - 23 20 cm 地温

年份	月份	20 cm 地温（℃）	有效数据（条）
2007	1	−6.3	31
2007	2	−2.6	28
2007	3	2.0	31
2007	4	10.3	30

（续）

年份	月份	20 cm 地温（℃）	有效数据（条）
2007	5	18.3	31
2007	6	22.8	30
2007	7	25.0	31
2007	8	24.6	31
2007	9	19.7	30
2007	10	10.5	31
2007	11	2.5	30
2007	12	−3.9	31
2008	1	−8.0	31
2008	2	−8.4	29
2008	3	2.3	31
2008	4	13.8	30
2008	5	18.5	31
2008	6	23.7	30
2008	7	25.7	31
2008	8	22.9	31
2008	9	18.5	30
2008	10	10.7	31
2008	11	1.8	30
2008	12	−5.0	31
2009	1	−9.2	31
2009	2	−3.0	28
2009	3	3.3	31
2009	4	13.0	30
2009	5	19.0	31
2009	6	23.4	30
2009	7	25.5	31
2009	8	23.3	31
2009	9	18.4	30
2009	10	12.7	31
2009	11	0.3	30
2009	12	−5.8	31
2010	1	−7.2	31

（续）

年份	月份	20 cm 地温（℃）	有效数据（条）
2010	2	−4.8	28
2010	3	1.6	31
2010	4	8.8	30
2010	5	17.0	31
2010	6	24.1	30
2010	7	27.5	31
2010	8	26.2	31
2010	9	19.3	30
2010	10	11.7	31
2010	11	1.8	30
2010	12	−5.8	31
2011	1	−12.2	31
2011	2	−5.6	28
2011	3	0.7	31
2011	4	12.3	30
2011	5	18.4	31
2011	6	25.3	30
2011	7	26.7	31
2011	8	24.2	31
2011	9	17.5	30
2011	10	11.5	31
2011	11	2.9	30
2011	12	−6.9	31
2012	1	−10.8	31
2012	2	−7.2	29
2012	3	2.0	31
2012	4	12.0	30
2012	5	19.4	31
2012	6	24.8	30
2012	7	26.9	31
2012	8	25.9	31
2012	9	19.6	30
2012	10	11.0	31

（续）

年份	月份	20 cm 地温（℃）	有效数据（条）
2012	11	0.3	30
2012	12	−5.8	31
2013	1	−8.9	31
2013	2	−3.8	28
2013	3	4.6	31
2013	4	12.4	30
2013	5	20.0	31
2013	6	23.7	30
2013	7	25.8	31
2013	8	25.4	31
2013	9	19.8	30
2013	10	12.6	31
2013	11	1.7	30
2013	12	−6.3	31
2014	1	−8.1	31
2014	2	−3.9	28
2014	3	4.4	31
2014	4	13.5	30
2014	5	18.3	31
2014	6	23.7	30
2014	7	26.0	31
2014	8	22.8	31
2014	9	20.0	30
2014	10	12.3	31
2014	11	1.5	30
2014	12	−7.2	31
2015	1	−7.8	31
2015	2	−4.4	28
2015	3	3.4	31
2015	4	12.4	30
2015	5	19.7	31
2015	6	23.8	30
2015	7	26.3	31

（续）

年份	月份	20 cm 地温（℃）	有效数据（条）
2015	8	25.5	31
2015	9	18.9	30
2015	10	11.5	31
2015	11	2.9	30
2015	12	−4.9	31

3.4.11　大气蒸发量

大气蒸发量数据见表 3-24。

表 3-24　大气蒸发量

年份	月份	大气蒸发量（mm）	有效数据（条）
2007	1	35.7	31
2007	2	72.1	28
2007	3	120.9	31
2007	4	215.5	30
2007	5	316.7	31
2007	6	281.7	30
2007	7	248.0	31
2007	8	211.5	31
2007	9	142.5	30
2007	10	80.9	31
2007	11	57.3	30
2007	12	29.4	31
2008	1	13.0	31
2008	2	35.1	29
2008	3	159.5	31
2008	4	213.3	30
2008	5	299.8	31
2008	6	299.7	30
2008	7	275.6	31
2008	8	221.8	31
2008	9	120.1	30
2008	10	104.1	31
2008	11	79.2	30

（续）

年份	月份	大气蒸发量（mm）	有效数据（条）
2008	12	36.6	31
2009	1	35.2	31
2009	2	60.4	28
2009	3	139.7	31
2009	4	233.8	30
2009	5	292.6	31
2009	6	297.9	30
2009	7	254.6	31
2009	8	212.5	31
2009	9	133.8	30
2009	10	124.1	31
2009	11	39.8	30
2009	12	33.0	31
2010	1	31.2	31
2010	2	54.0	28
2010	3	132.5	31
2010	4	152.9	30
2010	5	289.3	31
2010	6	300.6	30
2010	7	319.6	31
2010	8	258.6	31
2010	9	131.7	30
2010	10	111.2	31
2010	11	72.5	30
2010	12	48.3	31
2011	1	17.0	31
2011	2	57.4	28
2011	3	105.8	31
2011	4	154.9	30
2011	5	165.4	31
2011	6	261.7	30
2011	7	230.6	31
2011	8	209.5	31

（续）

年份	月份	大气蒸发量（mm）	有效数据（条）
2011	9	32.6	30
2011	10	82.7	31
2011	11	34.1	30
2011	12	15.6	31
2012	1	16.9	31
2012	2	36.2	29
2012	3	105.7	31
2012	4	191.6	30
2012	5	213.8	31
2012	6	245.9	30
2012	7	203.0	31
2012	8	181.9	31
2012	9	128.2	30
2012	10	100.5	31
2012	11	48.2	30
2012	12	24.0	31
2013	1	28.5	31
2013	2	49.4	28
2013	3	164.9	31
2013	4	216.7	30
2013	5	243.1	31
2013	6	218.5	30
2013	7	218.1	31
2013	8	221.3	31
2013	9	150.7	30
2013	10	120.0	31
2013	11	59.6	30
2013	12	25.3	31
2014	1	32.8	31
2014	2	37.9	28
2014	3	109.8	31
2014	4	165.4	30
2014	5	245.1	31

（续）

年份	月份	大气蒸发量（mm）	有效数据（条）
2014	6	262.0	30
2014	7	233.4	31
2014	8	170.6	31
2014	9	132.3	30
2014	10	101.2	31
2014	11	39.2	30
2014	12	30.0	31
2015	1	29.0	31
2015	2	46.5	28
2015	3	106.4	31
2015	4	165.5	30
2015	5	228.0	31
2015	6	222.9	30
2015	7	263.4	31
2015	8	218.2	31
2015	9	132.2	30
2015	10	105.9	31
2015	11	38.6	30
2015	12	26.7	31

3.4.12　日照时数

日照时数数据见表 3-25。

表 3-25　日照时数

年份	月份	日照时数（h）	有效数据（条）
2007	1	212.5	31
2007	2	207.0	28
2007	3	210.2	31
2007	4	217.8	30
2007	5	258.1	31
2007	6	225.4	30
2007	7	245.4	31
2007	8	194.9	31
2007	9	176.4	30

（续）

年份	月份	日照时数（h）	有效数据（条）
2007	10	168.6	31
2007	11	231.6	30
2007	12	205.9	31
2008	1	107.5	31
2008	2	205.5	29
2008	3	256.8	31
2008	4	257.5	30
2008	5	249.0	31
2008	6	294.6	30
2008	7	235.1	31
2008	8	259.1	31
2008	9	180.9	30
2008	10	236.3	31
2008	11	200.1	30
2008	12	157.9	31
2009	1	185.6	31
2009	2	176.2	28
2009	3	231.9	31
2009	4	251.3	30
2009	5	262.8	31
2009	6	275.0	30
2009	7	208.1	31
2009	8	229.9	31
2009	9	161.6	30
2009	10	240.7	31
2009	11	188.8	30
2009	12	174.4	31
2010	1	189.5	31
2010	2	155.5	28
2010	3	147.1	31
2010	4	214.4	30
2010	5	225.0	31
2010	6	297.7	30

（续）

年份	月份	日照时数（h）	有效数据（条）
2010	7	218.8	31
2010	8	207.7	31
2010	9	127.8	30
2010	10	181.7	31
2010	11	200.6	30
2010	12	143.1	31
2011	1	130.5	31
2011	2	147.4	28
2011	3	222.1	31
2011	4	186.7	30
2011	5	183.9	31
2011	6	229.1	30
2011	7	233.8	31
2011	8	198.8	31
2011	9	144.8	30
2011	10	152.9	31
2011	11	132.1	30
2011	12	131.8	31
2012	1	178.7	31
2012	2	176.0	29
2012	3	190.3	31
2012	4	215.3	30
2012	5	222.0	31
2012	6	266.9	30
2012	7	222.7	31
2012	8	221.4	31
2012	9	242.9	30
2012	10	242.0	31
2012	11	191.1	30
2012	12	116.8	31
2013	1	190.8	31
2013	2	190.6	28
2013	3	244.5	31

（续）

年份	月份	日照时数（h）	有效数据（条）
2013	4	285.0	30
2013	5	254.1	31
2013	6	220.4	30
2013	7	181.1	31
2013	8	224.7	31
2013	9	209.0	30
2013	10	222.5	31
2013	11	184.5	30
2013	12	227.5	31
2014	1	224.6	31
2014	2	170.6	28
2014	3	251.4	31
2014	4	189.7	30
2014	5	254.5	31
2014	6	202.7	30
2014	7	259.2	31
2014	8	226.2	31
2014	9	177.4	30
2014	10	209.2	31
2014	11	194.4	30
2014	12	174.5	31
2015	1	175.6	31
2015	2	196.9	28
2015	3	262.5	31
2015	4	238.0	30
2015	5	253.4	31
2015	6	225.6	30
2015	7	250.6	31
2015	8	261.7	31
2015	9	159.9	30
2015	10	203.1	31
2015	11	76.9	30
2015	12	106.2	31

第4章 □□□□□□□□□□□□□□□□□□□□□

台站特色研究数据

沙尘水平通量数据

4.1.1 概述

沙尘暴的发生发展既是一种加速土地荒漠化的重要过程，又是土地荒漠化发展到一定程度的具体表现。它因影响范围广，给工农业生产、交通运输和人民生活带来极大危害以及引起的严重的环境污染问题而受到社会的广泛关注。

当风速达到或超过临界启动风速后，源区地表沙尘颗粒物在气流的作用下离开地面并沿风向向其影响区域传输，直至维持其输运的动力消失或在降水、地表粗糙物的影响下沉降至地表。这一复杂过程受到大气条件（风、温度、降水）、地表土壤特征（结构、组分、水分）、地表特征（地形地貌、植被、可蚀程度、空气动力学粗糙度）、地表土壤利用类型（农田、牧场、采矿）及人为活动强度等诸多要素的影响和制约，学术界已针对上述过程开展科学研究，并取得大量研究成果。然而目前对近地面沙尘暴尤其是近地表 50 m 空间范围与人类生存息息相关的生态环境内沙尘暴诸要素的空间分布特征及运动规律的研究甚少。结合区域气候和生态环境背景，研究具有代表性和典型性区域沙尘暴各要素的时空分布及途径典型的下垫面类型时各要素的发展变化规律，可以更加深入地认识沙尘暴的特征和规律，并对总结适宜的防治措施具有重要意义。

4.1.2 数据采集和处理方法

基于地面沙尘观测系统所收集的 2006—2015 年沙尘水平通量梯度数据，计算三种典型下垫面 0～50 m 范围内沙尘水平通量年度总量及区域内生态防护系统对沙尘暴的防护效益。近地面沙尘暴观测系统共有观测塔三座，塔高 50 m，三座沙尘暴塔沿主风方向呈直线穿越民勤绿洲和绿洲外围的荒漠，分别位于绿洲内部、荒漠绿洲过渡带和荒漠。绿洲内部与荒漠绿洲过渡带间隔 3.55 km，中间栽植有以乔木为主的农田防护林和以灌木为主的防风固沙林；荒漠绿洲过渡带与荒漠间隔 4.76 km，中间分布着人工防风固沙林及天然灌木林。每座塔均按相同梯度（1～25 m，2 m 一个梯度，25～50 m，4 m 一个梯度）装有沙尘暴沙尘水平收集器，能够采集每一次沙尘暴的总沙通量。

沙尘通量利用民勤荒漠草地生态系统国家野外观测研究站自行研制的沙尘暴沙尘水平收集器（风向跟踪滤袋式沙尘水平收集仪）测定。该收集仪是将双层纸质沙尘过滤膜制成袋状安装在可以跟踪风向的外壳内，实现在收集面垂直风向的条件下自动采集沙尘，利用滤袋的面积与进沙口面积之比控制滤袋对风的阻力，经试验在 25 m/s 风速条件下，集尘袋（膜）对气流的阻力设定为 1.0% 大气压，集尘袋面积与进风口面积的比值为 51.3；又经粒度为 3～100 μm 的沙尘样品试验沙尘总透过率小于 5%。收集的样品在 80 ℃下烘干 20 h 后称重，0～50 m 范围内年度沙尘通量总量计算的方法为：

年度沙尘通量总量（g）＝1－49 m 范围内沙尘水平通量平均值（g/m²）×年度沙尘天气次数× 50（m²）

4.1.3　数据质量控制与评估

　　沙尘水平通量监测中使用的监测仪器为甘肃省治沙研究所自行研制的沙尘暴沙尘水平收集器（风向跟踪滤袋式沙尘水平收集仪）。风向跟踪滤袋式沙尘水平收集仪经试验在 25 m/s 风速条件下，集尘袋面积与取样口面积的比值为 60 时，集尘袋（膜）对气流的阻力小于 1.0% 大气压；又经粒度为 3～100 μm 的沙尘样品试验，沙尘收集率大于 93%，沙尘收集量远大于 Goossens 和 Offer 推荐的 BSNE 风沙收集器（收集率为 40%），发明的该水平通量仪使用可靠。每次在沙尘暴结束后 1d 内完成沙尘水平通量样品的采集，确保监测数据的时效性。采集过程中，使用毛刷将集尘桶的沙尘完全清理在收集袋中，确保数据的准确性。样品采集后带回实验室处理、称量结束后，将永久保存在民勤站沙尘样品库。

4.1.4　数据表

　　三种典型下垫面年度沙尘通量总量及绿洲防护体系沙尘消减率见表 4-1。

表 4-1　三种典型下垫面年度沙尘通量总量及绿洲防护体系沙尘消减率

年份	绿洲（kg）	沙漠-绿洲过渡带（kg）	沙漠（kg）	（沙漠-过渡带）/沙漠（%）	（沙漠-绿洲）/沙漠（%）
2006	2 345	5 318	9 169	42	74
2007	3 020	5 535	8 646	35	65
2008	3 004	5 881	10 402	43	71
2009	2 143	4 445	8 462	47	75
2010	4 606	9 810	16 213	39	72
2011	1 436	3 453	5 174	33	72
2012	1 398	3 323	6 338	48	78
2013	1 395	2 717	4 854	44	71
2014	1 255	3 041	5 140	41	76
2015	1 463	2 670	6 568	59	78
平均值	2 207	4 619	8 097	43	73

　　2006—2015 年通过沙漠区断面的年沙尘通量总量平均值为 8 097 kg，通过沙漠-绿洲过渡带/防风固沙林断面的年沙尘通量总量平均值为 4 619 kg，通过绿洲/农田防护林断面的年沙尘通量总量平均值为 2 207 kg。若以沙漠区环境条件下的沙尘通量为背景，当沙尘暴从沙漠区运动到固沙林时沙通量减少了 43%，继续运动到绿洲农田防护林内部时沙尘通量可减少 73%。这一研究结果反映了防风固沙林和农田防护林网对沙尘暴的强大防护作用。